高等职业教育系列教材

变频器与伺服应用

李方园　主编

机　械　工　业　出　版　社

本书采用了主流的三菱 700 系列变频器和 MR-JE/J4 系列伺服驱动器，从变频器与伺服使用者的角度出发，按照理论到实践、设计到应用，由浅入深地阐述了变频器的运行与操作、变频器的负载特性与应用、变频自动控制系统、步进电动机的控制、伺服电动机的控制等内容。通过 23 个实操任务对变频器与伺服应用技术的重要功能进行深入细致的说明，面向工程应用，读者能所读即所用。

本书深入浅出、图文并茂，可以作为高等职业院校的工业机器人技术、电气自动化技术、机电一体化技术及智能控制技术等专业的教材，同时也可作为变频器与伺服的工程设计人员、中高级电工等的自学用书。

本书配有电子课件、变频器仿真软件和微课视频，需要的教师可登录机械工业出版社教育服务网 www.cmpedu.com 免费注册后下载，或联系编辑索取（微信：jsj15910938545，电话：010-88379739）。

图书在版编目（CIP）数据

变频器与伺服应用/李方园主编 .—北京：机械工业出版社，2020.5
（2025.1 重印）
高等职业教育系列教材
ISBN 978-7-111-65086-7

Ⅰ．①变⋯ Ⅱ．①李⋯ Ⅲ．①变频器-高等职业教育-教材 ②伺服电动机-高等职业教育-教材 Ⅳ．①TN773②TM383.4

中国版本图书馆 CIP 数据核字（2020）第 042765 号

机械工业出版社（北京市百万庄大街 22 号 邮政编码 100037）
策划编辑：曹帅鹏 责任编辑：曹帅鹏 白文亭
责任校对：张艳霞 责任印制：常天培
固安县铭成印刷有限公司印刷

2025 年 1 月第 1 版·第 11 次印刷
184mm×260mm·14.25 印张·351 千字
标准书号：ISBN 978-7-111-65086-7
定价：45.00 元

电话服务　　　　　　　　　　　网络服务
客服电话：010-88361066　　　机 工 官 网：www.cmpbook.com
　　　　　010-88379833　　　机 工 官 博：weibo.com/cmp1952
　　　　　010-68326294　　　金 书 网：www.golden-book.com
封底无防伪标均为盗版　　机工教育服务网：www.cmpedu.com

前　　言

变频器与伺服主要用于电动机转速、转矩和定位控制场合。变频调速以其自身所具有的调速范围广、精度高及动态响应好等优点，在许多需要精确控制速度的应用中发挥着提高产品质量和生产效率的作用；伺服控制则是在借鉴并应用变频技术的基础上，在印刷、包装等高端装备中得到了广泛使用。党的二十大报告指出"加快发展方式绿色转型。推动经济社会发展绿色化、低碳化是实现高质量发展的关键环节。"变频器与伺服技术能为企业实现"双碳"目标提供一条崭新的道路。

本书采用了当前市场上主流的三菱700系列变频器和MR-JE/J4系列伺服驱动器，从变频器与伺服使用者的角度出发，按照理论到实践、设计到应用，由浅入深地阐述了变频器的运行与操作、变频器的负载特性与应用、变频自动控制系统、步进电动机的控制以及伺服电动机的控制等内容。

本书共分5章。第1章主要介绍了变频器的运行与操作，具体包括变频调速原理、变频器的频率指令与起动指令以及变频器的电路结构，并以三菱E700变频器为例介绍了其端子接线与面板操作以及多段速运行等实操案例。第2章主要内容为变频器的负载特性与应用，将变频调速系统的基本特性、流体工艺的变频PID控制应用到化工厂变频控制系统的设计和多个实操案例中，同时还介绍了电动机参数调谐种类及其调谐步骤。第3章阐述了变频自动控制系统中变频PLC控制系统的接口、开关量与模拟量控制、通信控制及触摸屏控制。第4章介绍了步进电动机的控制，从步进电动机的步距角、频率、选型与应用特点到步进电动机驱动器的使用方法，并阐述了三菱FX_{3U} PLC的步进电动机控制基础，此外还包含了步进电动机进行正向和反向循环定位控制、PLSR指令定位控制等实例。第5章阐述了伺服电动机的控制，包括伺服控制系统组成原理、伺服电动机的原理与结构、伺服驱动器的结构与控制模式，并举例说明了三菱伺服MR-JE的速度控制、转矩控制和定位控制，以及MR-J4的工作台伺服控制。

本书通过23个实操任务对变频器与伺服应用技术的重要功能进行深入细致的说明，理论联系实际，面向实际应用。

本书是机械工业出版社组织出版的"高等职业教育系列教材"之一，由李方园主编，吕林锋、李霁婷、陈亚玲参与编写。在编写过程中，三菱及其代理商提供了相当多的典型案例和调试经验。同时，在编写中曾参考和引用了国内外许多专家、学者及工程技术人员最新出版的著作等资料，编者在此一并致谢。由于编者水平有限，在编写过程中难免存在不足和错误，希望广大读者能够给予批评、指正，编者将不胜感谢。

编者

目　　录

→ 第❶章 ←

变频器操作入门

导读

变频器主要用于交流电动机转速的调节，是理想的调速方案。变频调速以其自身所具有的调速范围广、精度高及动态响应好等优点，在许多需要精确速度控制的应用中发挥着提高产品质量和生产效率的作用。变频器常见的频率指令主要有操作面板给定、接点信号给定、模拟信号给定、脉冲信号给定和通信方式给定等。变频器的起动指令包括操作面板控制、端子控制和通信控制等。本章介绍了变频器的工作原理、恒压频比工作方式及其特点、电路结构，同时介绍了三菱 E700 变频器如何进行上电、参数设置和多种模式运行的方法与步骤。

1.1 变频调速原理

1.1.1 交流异步电动机和同步电动机的调速

1. 异步电动机

三相异步电动机要旋转起来的先决条件是具有一个旋转磁场，三相异步电动机的定子绕组就是用来产生旋转磁场的。三相电源相与相之间的电压在相位上相差 120°，三相异步电动机定子中的三个绕组在空间方位上也互差 120°，这样，当在定子绕组中通入三相电源时，定子绕组就会产生一个旋转磁场，其产生的过程如图 1-1 所示。图 1-1 中分 4 个时刻来描述旋转磁场的产生过程。电流每变化一个周期，旋转磁场在空间旋转一周，即旋转磁场的旋转速度与电流的变化是同步的。

旋转磁场的转速为

$$n = 60f/p \tag{1-1}$$

式中，f 为电源频率，单位为 Hz；p 是电动机的磁极对数；n 的单位为 r/min。根据此式可以知道，电动机的转速与磁极数和使用电源的频率有关。

定子绕组产生旋转磁场后，转子导条（鼠笼条）将切割旋转磁场的磁力线而产生感应电流，转子导条中的电流又与旋转磁场相互作用产生电磁力，电磁力产生的电磁转矩驱动转子沿旋转磁场方向以 n_1 的转速旋转起来。一般情况下，电动机的实际转速 n_1 低于旋转磁场

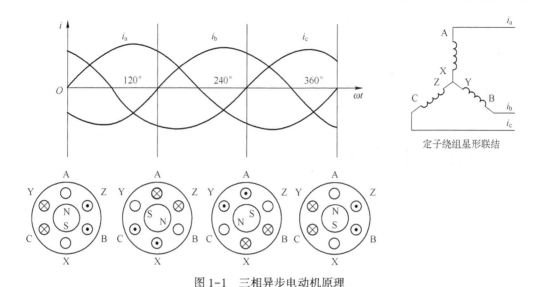

定子绕组星形联结

图 1-1　三相异步电动机原理

的转速 n。因为假设 $n=n_1$，则转子导条与旋转磁场就没有相对运动，因而不会切割磁力线，也就不会产生电磁转矩，所以转子的转速 n_1 必然小于 n。由此称这种结构的三相电动机为异步电动机。

2. 同步电动机

同步电动机和其他类型的旋转电动机一样，由固定的定子和可旋转的转子两大部分组成。一般分为转场式同步电动机和转枢式同步电动机。图 1-2 给出了最常用的转场式同步电动机的结构模型，其定子铁心的内圆均匀分布着定子槽，槽内嵌放着按一定规律排列的三相对称交流绕组。这种同步电动机的定子又称为电枢，定子铁心和绕组又称为电枢铁心和电枢绕组。转子铁心上装有制成一定形状的成对磁极，磁极上绕有励磁绕组，通以直流电流时，将会在电动机的气隙中形成极性相间的分布磁场，称为励磁磁场（也称主磁场、转子磁场）。气隙处于电枢内圆和转子磁极之间，气隙层的厚度和形状对电动机内部磁场的分布和同步电动机的性能有重大影响。图中用 AX、BY、CZ 三个在空间错开 120° 分布的线圈代表三相对称交流绕组。

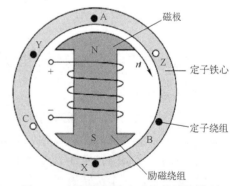

图 1-2　转场式同步电动机的结构模型

除了转场式同步电动机外，还有转枢式同步电动机，其磁极安装于定子上，而交流绕组分布于转子表面的槽内，这种同步电动机的转子充当了电枢。

3. 交流电动机的调速

交流电动机比直流电动机经济耐用得多，因而被广泛应用于各行各业，是一种量大面广的传统产品。在实际应用场合，往往要求电动机能随意调节转速，以便获得满意的使用效果，但交流电动机在这方面比起直流电动机而言就要逊色得多，于是不得不借助其他手段达到调速目的。根据感应电动机的转速特性表达式可知，它的调速方式有三大类：频率调节、磁极对数调节和转差率调节，从而出现了目前常用的几种调速方法，如变极调速、调压调速、电磁调速、变频调速、液力耦合器调速及齿轮调速等，如图 1-3 所示。

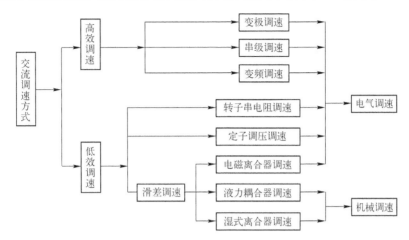

图 1-3　交流电动机主要调速方式分类图

基于节能角度，通常把交流调速分为高效调速和低效调速。高效调速指基本上不增加转差损耗的调速方式，即在调节电动机转速时转差率基本不变，不增加转差损失，或将转差功率以电能形式回馈电网或以机械能形式回馈机轴；低效调速则存在附加转差损失，在相同调速工况下，其节能效果低于不存在转差损耗的调速方式。

属于高效调速方式的主要有变极调速、串级调速和变频调速；属于低效调速方式的主要有滑差调速（包括电磁离合器调速、液力耦合器调速、湿式离合器调速）、转子串电阻调速和定子调压调速。其中，液力耦合器调速和湿式离合器调速属于机械调速，其他均属于电气调速。变极调速和滑差调速方式适用于笼型异步电动机，串级调速和转子串电阻调速方式适用于绕线转子异步电动机，定子调压调速和变频调速既适用于笼型异步电动机，也适用于绕线转子异步电动机。变频调速和机械调速还可用于同步电动机。

液力耦合器调速技术属于机械调速范畴，它是将匹配合适的调速型液力耦合器安装在常规的交流电动机和负载（风机、水泵或压缩机）之间，从电动机输入转速，通过耦合器工作腔中高速循环流动的液体，向负载传递力矩和输出转速。只要改变工作腔中液体的充满程度即可调节输出转速。

湿式离合器调速是指利用湿式离合器作为动力传递装置完成转速调节的调速方式，属于机械调速。湿式离合器是利用两组摩擦片之间接触来传递功率的一种机械设备，如同液力耦合器一样被安装在笼型感应电动机与工作机械之间，在电动机低速运行的情况下，利用两组摩擦片之间摩擦力的变化无级地调节工作机械的转速，由于它存在转差损耗，是一种低效调速方式。

1.1.2　不同调速方式的工作原理

1. 异步电动机的变极调速

变极调速技术是通过采用变极多速异步电动机实现调速的。这种多速电动机大都为笼型转子电动机，其结构与基本系列异步电动机相似，现国内生产的有双、三、四速等几类。

变极调速是通过改变定子绕组的极对数来改变旋转磁场同步转速进行调速的，是无附加转差损耗的高效调速方式。由于极对数 p 是整数，它不能实现平滑调速，只能有级调速。在供电频率 $f=50\,Hz$ 的电网，$p=1$、2、3、4 时，相应的同步转速 $n_0=3000\,r/min$、$1500\,r/min$、$1000\,r/min$、$750\,r/min$。改变极对数是用改变定子绕组的接线方式来完成的，如图 1-4 所示。图 1-4a 的 $p=2$，图 1-4b 和图 1-4c 中的 $p=1$。双速电动机的定子是单绕组，三速和四速电动机的定子是双绕组。这种改变极对数来调速的笼型电动机，通常称为多速感应电动机或变极感应电动机。

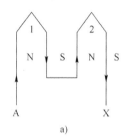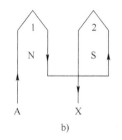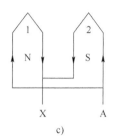

图 1-4 定子绕组改接变极对数示意图
a) $p=2$ b) $p=1$ c) $p=1$

多速电动机的优点是运行可靠，运行效率高，控制线路很简单，容易维护，对电网无干扰，初始投资低。缺点是只能有级调速，而且调速级差大，从而限制了它的使用范围。适用于按 2~4 档固定调速变化的场合，为了弥补有级调速的缺陷，有时与定子调压调速或电磁离合器调速配合使用。

2. 电磁调速

电磁调速技术是通过电磁调速电动机实现调速的技术。电磁调速电动机（又称滑差电动机）由三相异步电动机、电磁转差离合器和测速发电机组成，三相异步电动机作为原动机工作。该技术是传统的交流调速技术之一，适用于容量在 $0.55 \sim 630\,kW$ 范围内的风机、水泵或压缩机。

电磁离合器调速是由笼型感应电动机和电磁离合器一体化的调速电动机来完成的，把这种调速电动机称为电磁离合器电动机，又称滑差电动机，属于低效调速方式。电磁调速电动机的调速系统主要由笼型感应电动机、涡流式电磁转差离合器和直流励磁电源三个部分组成，如图 1-5 所示，直流励磁电源功率较小，通过改变晶闸管的触发延迟角改变直流励磁电压的大小来控制励磁电流。它以笼型异步电动机作为原动机，带动与其同轴接连的电磁离合器的主动部分，离合器的从动部分与负载同轴连接，主动部分与从动部分没有机械联系，只有磁路相通。离合器的主动部分为电枢，从动部分为磁极，电枢是一杯状铸铜体，磁极则由铁心和励磁绕组构成，绕组与部分铁心固定在机壳上不随磁极旋转，直流励磁不必经过集电环而直接由直流电源供电。当电动机带动电枢在磁极磁场中旋转时，就会感生涡流，涡流与磁极磁场作用产生的转矩将使电枢牵动磁极拖动负载同向旋转，通过控制励磁电流改变磁场强度，使离合器产生大小不同的转矩，从而达到调速的目的。

电磁离合器的优点是结构比较简单，可无级调速，维护方便，运行可靠，调速范围也比较宽，对电网无干扰，它可以空载起动，对需要重载起动的负载可获得容量效益，提高电动机运行负载率。缺点是高速区调速特性软，不能全速运行；低速区调速效率比较低。适用于调速范围适中的中小容量电动机。

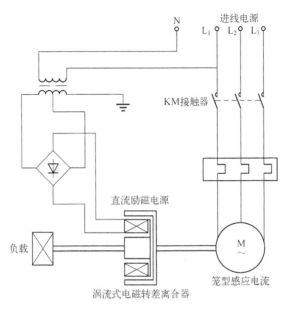

图 1-5 电磁调速示意图

3. 定子调压调速

定子调压调速是用改变定子电压实现调速的方法来改变电动机的转速，调速过程中它的转差功率以发热形式损耗在转子绕组中，属于低效调速方式。由于电磁转矩与定子电压的平方成正比，改变定子电压就可以改变电动机的机械特性，与某一负载特性相匹配就可以稳定在不同的转速上，从而实现调速功能。供电电源的电压是固定的，它用调压器来获得可调压的交流电源。传统的调压器有饱和电抗器式调压器、自耦变压器式调压器和感应式调压器，主要用于笼型感应电动机的减压起动，以减少起动电流。晶闸管是交流调压调速的主要形式，它利用改变定子侧三相反并联晶闸管的移相角来调节转速，可以做到无级调速。

调压调速的主要优点是控制设备比较简单，可无级调速，初始投资低，使用维护比较方便，可以兼作笼型异步电动机的减压起动设备。缺点是调速效率比较低，低速运行调速效率更低；调速范围窄，只有对风机和泵类工作机械调速可以获得较宽的调速范围并减少转差损耗；调速特性比较软，调速精度差；对电网干扰也大。适用于调速范围要求不宽，较长时间在高速区运行的中小容量的异步电动机。

4. 转子串电阻调速

转子串电阻调速是通过改变绕线转子感应电动机转子串接附加外接电阻，从而改变转子电流使转速改变的方式进行调速的，如图 1-6 所示。为减少电刷的磨损，中等容量以上的绕线转子感应电动机还设有提刷装置，当电动机起动时接入外接电阻以减少起动电流，不需要调速时移动手柄可提起电刷与集电环脱离接触，同时使三个集电环彼此短接起来。

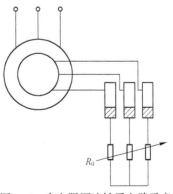

转子串电阻调速的优点是技术成熟，控制方法简单，维护方便，初始投资低，对电网无干扰。缺点是转差损耗

图 1-6 串电阻调速转子电路示意

大，调速效率低；调速特性软，动态响应速度慢；外接附加电阻不易做到无级调速，调速平滑性差。适用于调速范围不太大和调速特性要求不高的场合。

5. 变频调速

变频调速是通过改变异步电动机供电电源的频率 f 来实现无级调速的，其接线简单，如图 1-7 所示。电动机采用变频调速以后，电动机转轴直接与负载连接，电动机由变频器供电。变频调速的关键设备就是变频器，变频器是一种将交流电源整流成直流后再逆变成频率、电压可变的变流电源的专用装置，主要由功率模块、超大规模专用单片机等构成，变频器能够根据转速反馈信号调节电动机供电电源的频率，从而可以实现相当宽频率范围内的无级调速。

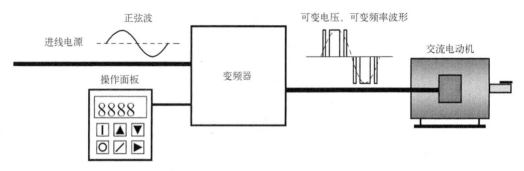

图 1-7　变频调速原理

6. 调速方式汇总

根据实际应用效果，交流电动机的各种调速方式的一般性能和特点汇总于表 1-1 之中。

表 1-1　交流电动机的各种调速方式的一般性能和特点

调速方式	转子串电阻	定子调压	电磁离合器	液力耦合器	湿式离合器	变极	串级	变频
调速方法	改变转子串电阻	改变定子输入调压	改变离合器励磁电流	改变耦合器工作腔充油量	改变离合器摩擦片间隙	改变定子极对数	改变逆变器的逆变角	改变定子输入频率合和电压
调速性质	有级	无级	无级	无级	无级	有级	无级	无级
调速范围	50%~100%	80%~100%	10%~80%	30%~97%	20%~100%	2，3，4，档转速	50%~100%	5%~100%
响应能力	差	快	较快	差	差	快	快	快
电网干扰	无	大	无	无	无	无	较大	有
节电效果	中	中	中	中	中	高	高	高
初始投资	低	较低	较高	中	较低	低	中	高
故障处理	停机	不停机	停机	停机	停机	停机	停机	不停机
安装条件	易	易	较易	场地	场地	易	易	易
适用范围	绕线型异步电动机	绕线型异步电动机，笼型异步电动机	笼型异步电动机	笼型异步电动机，同步电动机	笼型异步电动机，同步电动机	笼型异步电动机	绕线型异步电动机	异步电动机、同步电动机

1.1.3 变频调速原理

根据电机学原理，在下述三个假定条件下，即忽略空间和时间谐波，忽略磁饱和，忽略铁损，感应电动机的稳态模型可以用 T 形等效电路表示，如图 1-8a 所示。

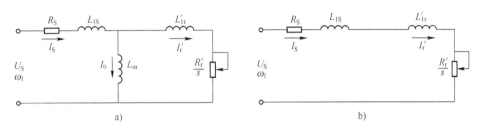

图 1-8 感应电动机等效电路

a）感应电动机 T 形等效电路 b）感应电动机简化等效电路

图 1-8 中的各参数表示如下。

R_S、R_r' 为定子每相电阻和折合到定子侧的转子每相电阻；L_{1S}、L_{1r}' 为定子每相漏感和折合到定子侧的转子每相漏感；L_m 为定子每相绕组产生气隙主磁通的等效电感，即励磁电感；U_S、ω_1 为定子相电压和供电角频率；I_S、I_r' 为定子相电流和折合到定子侧的转子相电流。

了解这些参数对于变频器的控制性能将有很大的帮助，根据电机学原理，在图 1-8b 的模型基础上，推导出感应电动机的每极气隙磁通为

$$\Phi_m = \frac{E_g}{4.44 f_1 N_S K_{N_S}} \approx \frac{U_S}{4.44 f_1 N_S K_{N_S}} \tag{1-2}$$

式中，E_g 为气隙磁通在定子每相中感应电动势的有效值；f_1 为定子频率；N_S 为定子每相绕组串联匝数；K_{N_S} 为定子基波绕组系数。

（1）基频以下调速

为充分利用电动机铁心，发挥电动机产生转矩的能力，在基频（即 $f_{in} = 50\ Hz$）以下采用恒磁通控制方式，此时要保持 Φ_m 不变，当频率 f_1 从额定值 f_{in} 向下调节时，必须同时降低 E_g，即采用电动势频率比为恒值的控制方式。然而，绕组中的感应电动势是难以直接控制的，当电动势值较高时，可以忽略定子电阻和漏磁感抗压降，认为定子相电压 $U_S \approx E_g$，则得

$$\frac{E_g}{f_1} = 常值 \tag{1-3}$$

这是恒压频比的控制方式，又称 U/f 控制方式，其控制特性如图 1-9 所示的虚线（即无补偿）。低频时，U_S 和 E_g 都较小，定子电阻和漏磁感抗压降所占的分量相对较大，可以人为地抬高定子相电压 U_S，以便补偿定子压降，称作低频补偿或转矩提升，其控制特性如图 1-9 所示的实线（即带定子电压降补偿）。

（2）基频以上调速

在基频以上调速时，频率从 f_{in} 向上升高，但定子电压 U_S 却不可能超过额定电压 U_{SN}，只能保持 $U_S = U_{SN}$ 不变，这将使磁通与频率成反比地下降，使得感应电动机工作在弱磁状态。

把基频以下和基频以上两种情况的控制特性画在一起，如图 1-10 所示。如果电动机在

不同转速时所带的负载都能使电流达到额定值，即都能在允许温升下长期运行，则转矩基本上随磁通变化而变化。按照电力拖动原理，在基频以下，磁通恒定，转矩也恒定，属于"恒转矩调速"性质，而在基频以上，转速升高时磁通恒减小，转矩也随着降低，基本上属于"恒功率调速"。

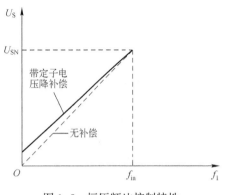

图 1-9　恒压频比控制特性

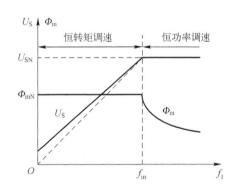

图 1-10　感应电动机变压变频调速的控制特性

1.1.4　变频器 U/f 曲线定义

1. 基本概念

变频器 U/f 控制的基本思想是 $U/f=C$，因此定义在频率为 f_x 时，U_x 的表达式为 $U_x/f_x=C$，其中 C 为常数，就是"压频比系数"。

图 1-11 中所示就是变频器的基本运行 U/f 曲线，从图中可以看出，当电动机的运行频率高于一定值时，变频器的输出电压不再能随频率的上升而上升，就将该特定值称之为基本运行频率，用 f_{in} 表示。也就是说，基本运行频率是指变频器输出最高电压时对应的最小频率。在通常情况下，基本运行频率是电动机的额定频率，如电动机铭牌上标识的 50 Hz 或 60 Hz。同时与基本运行频率对应的变频器输出电压称之为最大输出电压，用 U_{max} 表示。

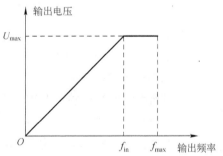

图 1-11　基本运行 U/f 曲线

当电动机的运行频率超过基本运行频率 f_{in} 后，U/f 不再是一个常数，而是随着输出频率的上升而减少，电动机磁通也因此减少，变成"弱磁调速"状态。

基本运行频率是决定变频器的逆变波形占空比的一个设置参数，当设定该值后，变频器 CPU 将基本运行频率值和运行频率进行运算后，调整变频器输出波形的占空比来达到调整输出电压的目的。因此，在一般情况下，不要随意改变基本运行频率的参数设置，如确有必要，一定要根据电动机的参数特性来适当设值，否则，容易造成变频器过热、过电流等故障。

2. 预定义的 U/f 曲线和用户自定义 U/f 曲线

由于电动机负载的多样性和不确定性，因此很多变频器厂商都推出了预定义的 U/f 曲线和用户自定义的任意 U/f 曲线。

预定义的 U/f 曲线是指变频器内部已经为用户定义的各种不同类型的曲线。如某品牌 A 变频器有三种特定曲线（图1-12a），曲线 1 为 3.0 次幂降转矩特性、曲线 2 为 1.7 次幂降转矩特性、曲线 3 为 1.2 次幂降转矩特性。某品牌变频器 B 则有 4 种已定义的曲线（图1-12b），其定义的方式是在电动机额定频率一半（即 $50\%f_{in}$）时的输出电压是电动机额定电压的 30% 时（即 $30\%U_N$）为曲线 1，$35\%U_N$ 为曲线 2，$40\%U_N$ 为曲线 3，U_N 为曲线 4。这些预定义的 U/f 曲线非常适合在可变转矩（如典型的风机和泵类负载）中使用，用户可以根据负载特性进行调整，以达到最优的节能效果。

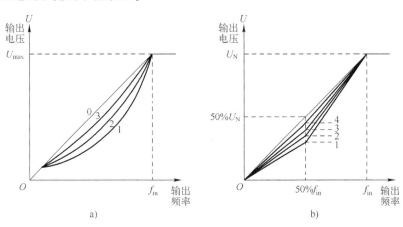

图 1-12　预定义 U/f 曲线

a）A 变频器　b）B 变频器

对于其他特殊的负载，如同步电动机，则可以通过设置用户自定义 U/f 曲线的几个参数，来得到任意 U/f 曲线，从而可以适应这些负载的特殊要求和特定功能。自定义 U/f 曲线一般都通过折线设定，典型的有三段折线和两段折线。

以三段折线设定为例（图1-13），f 通常为变频器的基本运行频率，在某些变频器中定义为电动机的额定频率；U 通常为变频器的最大输出电压，在某些变频器中定义为电动机的额定电压。如果最大输出电压等于额定电压或者基本运行频率等于额定频率，则两者是一回事，如果两者之间数值不相等，就必须根据变频器的用户手册来确定具体的数据。图中给出了三个中间坐标数值，即 (f_1, U_1)、(f_2, U_2)、(f_3, U_3)，用户只需填入相应的电压值或电压百分比以及频率值或频率百分比即可。如果将其中的两点重合就可以看成是二段折线设定。

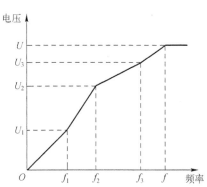

图 1-13　用户自定义 U/f 曲线

虽然用户自定义 U/f 曲线可以任意设定，但是一旦数值设定不当，就会造成意外故障。比如说低频时转矩提升电压过高，会造成电动机起动时低频抖动。所以，U/f 曲线特性必须以满足电动机的运行为前提条件。

3. U/f 曲线转矩补偿

变频器在起动或极低速运行时，根据 U/f 曲线，电动机在低频时对应输出的电压较低，转矩受定子电阻压降的影响比较显著，这就导致励磁不足而使电动机不能获得足够的旋转力，因此需要对转矩进行补偿，这称为转矩补偿。通常的做法是对输出电压做一些提升，以补偿定子电阻上电压降引起的输出转矩损失，从而改善电动机的输出转矩，如图 1-14 所示。

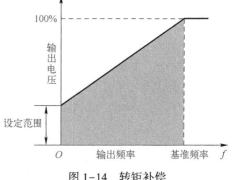

图 1-14　转矩补偿

　　转矩补偿可以根据变频器的参数设置选择手动设置和自动设置。如采用手动设置，则允许用户对设定范围可以在 $0\sim20\%U_{max}$ 或 $0\sim30\%U_{max}$ 之间任意设定。如采用自动设置，则是变频器根据电动机起动过程中的力矩情况进行自动补偿，其参数是随着负载变化而更改的。

1.2　变频器的频率指令与起动指令

1.2.1　变频器的频率指令方式

　　变频器的频率指令方式就是调节变频器输出频率的具体方法，也就是提供频率给定信号的方式。常见的频率指令方式主要有操作面板给定、接点信号给定、模拟信号给定、脉冲信号给定和通信方式给定等。这些频率指令各有优缺点，必须按照实际的需要进行选择设置，同时也可以根据功能需要选择不同频率指令之间的叠加和切换。

1. 操作面板给定

　　操作面板给定是变频器最简单的频率指令，用户可以通过变频器操作面板上的电位器、数字键或上升、下降键来直接改变变频器的设定频率。操作面板给定的最大优点就是简单、方便和醒目（可选配 LED 数码显示或中英文 LCD 液晶显示），同时又兼具监视功能，即能够将变频器运行时的电流、电压、实际转速及母线电压等实时显示出来。如图 1-15 所示为三菱 E700 的 LCD 液晶操作面板 FR-PU07。

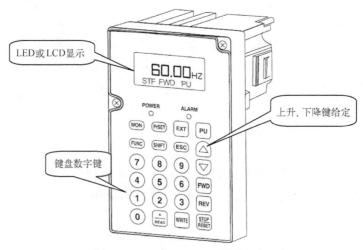

图 1-15　三菱 FR-PU07 操作面板

如果选择键盘数字键或上升、下降键给定，则由于是数字量给定，精度和分辨率非常高，其中精度可达最高频率×0.01%、分辨率为 0.01Hz。也可以选择三菱 FR-PA07 操作面板上的 M 旋钮给定，如图 1-16 所示。

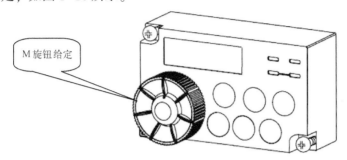

图 1-16　三菱 FR-PA07 操作面板

变频器的操作面板通常可以取下或者另外选配，再通过延长线安置在用户操作和使用方便的地方，如图 1-17 所示三菱 E700 变频器通过连接线与 FR-PU07 操作面板相连。

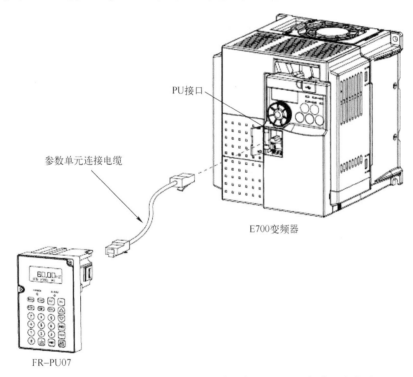

图 1-17　三菱 E700 变频器通过连接线与 FR-PU07 操作面板相连

2. 接点信号给定

接点信号给定是通过变频器的多功能输入端子的 UP 和 DOWN 接点来改变变频器的设定频率值。该接点可以外接按钮或其他类似于按钮的开关信号（如 PLC 或 DCS 的继电器输出模块、常规中间继电器）。具体接线可见图 1-18，图中 DI1～DI4 为变频器的数字量输入。

3. 模拟量给定

模拟量给定方式即通过变频器的模拟量端子从外部输入模拟量信号（电流或电压）进

行给定，并通过调节模拟量的大小来改变变频器的输出频率，如图 1-19 所示。

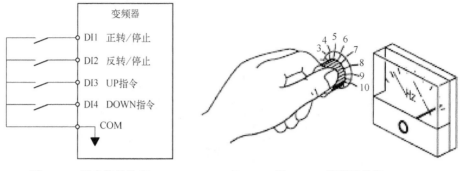

图 1-18　接点信号给定　　　　　图 1-19　模拟量给定

　　模拟量给定中通常采用电流或电压信号，常见于电位器、仪表、PLC 和 DCS 等控制回路。电流信号一般指 0～20 mA 或 4～20 mA，电压信号一般指 0～10 V、2～10 V、0～±10 V、0～5 V、1～5 V、0～±5 V 等。

　　电流信号在传输过程中，不受线路电压降、接触电阻及其电压降、杂散的热电效应以及感应噪声等影响，抗干扰能力较电压信号强。但由于电流信号电路比较复杂，故在距离不远的情况下，仍以选用电压给定为模拟量信号居多。变频器通常都会有两个及以上的模拟量端子（或扩展模拟量端子），有些端子可以同时输入电压和电流信号（但必须通过跳线或短路块进行区分）。

　　在模拟量给定方式下，变频器的给定信号 P 与对应的变频器输出频率 $f(x)$ 之间的关系曲线 $f(x)=f(P)$。这里的给定信号 P，既可以是电压信号，也可以是电流信号，其取值范围在 10 V 或 20 mA 之内。一般的电动机调速都是线性关系，因此频率给定曲线可以简单地通过定义首尾两点的坐标（模拟量，频率）即可确定该曲线。如图 1-20a 所示，定义首坐标为 (P_{min}, f_{min})、尾坐标为 (P_{max}, f_{max})，可以得到设定频率与模拟量给定值之间的正比关系。如果在某些变频器运行工况需要频率与模拟量给定成反比关系的话，也可以定义首坐标为 (P_{min}, f_{max})、尾坐标为 (P_{max}, f_{min})，如图 1-20b 所示。

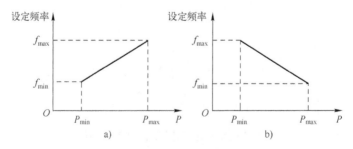

图 1-20　频率给定曲线
a）正比关系　b）反比关系

　　一般情况下，变频器的正反转功能都可以通过正转命令端子或反转命令端子来实现。在模拟量给定方式下，也可以通过设置相应的参数后用模拟量的正负值来控制电动机的正反转，即正信号（0～+10 V）时电动机正转、负信号（-10～0 V）时电动机反转。如图 1-21 所示，10 V 对应的频率值为 f_{max}，-10 V 对应的频率值为 $-f_{max}$。

在用模拟量控制正反转时，临界点即 0 V 时应该为 0 Hz，但实际上真正的 0 Hz 很难做到，且频率值很不稳定，在频率 0 Hz 附近时，常常出现正转命令和反转命令共存的现象，并呈"反反复复"状。为了克服这个问题，预防反复切换现象，就定义在零速附近为"死区"。

变频器由正向运转过渡到反向运转，或者由反向运转过渡到正向运转的过程中，中间都有输出零频的阶段，在这个阶段中，设置一个等待时间 t_1，即称为"正反转死区时间"，如图 1-22 所示。

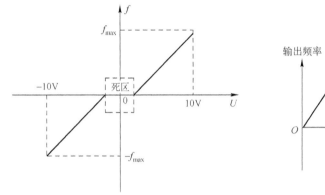

图 1-21　模拟量的正反转控制和"死区"功能　　　　图 1-22　正反转死区时间

4. 脉冲给定

脉冲给定方式即通过变频器特定的高速开关端子从外部输入脉冲序列信号进行频率给定，并通过调节脉冲频率来改变变频器的输出频率，如图 1-23 所示。

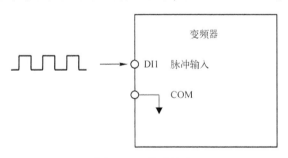

图 1-23　脉冲输入

不同的变频器对于脉冲序列输入都有不同的定义，如某变频器是这样定义的：脉冲频率为 0~32 kHz，低电平电压为 0~0.8 V，高电平电压为 3.5~13.2 V，占空比为 30%~70%。

脉冲给定首先要定义 100% 时的脉冲频率，然后就可以与模拟量给定一样定义脉冲频率给定曲线了。该频率给定曲线也是线性的，通过首坐标和尾坐标两点的数值来确定。因此，其频率给定曲线可以是正比线性关系，也可以是反比线性关系。一般而言，脉冲给定值通常用百分比来表示。

5. 通信给定

通信给定方式就是指上位机通过通信口按照特定的通信协议、特定的通信介质将数据传输到变频器以改变变频器设定频率的方式。上位机一般指计算机（或工控机）、PLC（可编程逻辑控制器)、DCS(集散控制系统)以及人机界面等主控制设备。如图1-24所示。

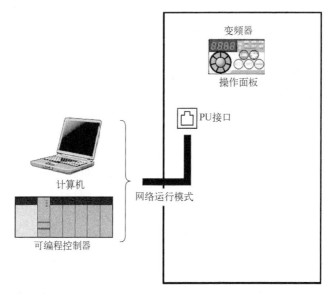

图1-24 通信给定

1.2.2 变频器的起动指令方式

变频器的起动指令方式是指控制变频器的起动、停止、正转与反转、正向点动与反向点动、复位等基本运行功能。与变频器的频率指令类似,变频器的起动指令也有操作面板控制、端子控制和通信控制三种。这些起动指令必须按照实际的需要进行选择设置,同时也可以根据功能进行相互之间的方式切换。

1. 操作面板控制

操作面板控制是变频器最简单的起动指令,用户可以通过变频器操作面板上的运行键、停止键、点动键和复位键来直接控制变频器的运转。

操作面板控制的最大特点就是方便实用,同时又能起到报警故障功能,即能够将变频器是否运行或故障及报警都能告知给用户,因此用户无须配线就能真正了解到变频器是否确实在运行中、是否在报警(过载、超温、堵转等),以及通过LED数码或LCD液晶显示故障类型。

按照1.2.1节的内容,变频器的操作面板通常可以通过延长线放置在用户容易操作的5 m以内的空间里。同理,距离较远时则必须使用远程操作面板。

在操作面板控制下,变频器的正转和反转可以通过正反转键切换和选择。如果键盘定义的正转方向与实际电动机的正转方向(或设备的前行方向)相反时,可以通过修改相关的参数来更正,如有些变频器参数定义是"正转有效"或"反转有效",有些变频器参数定义则是"与命令方向相同"或"与命令方向相反"。

对于某些不允许反转的生产设备,如泵类负载。变频器则专门设置了禁止电动机反转的功能参数,该参数对端子控制、通信控制都有效。

2. 端子控制

端子控制是变频器的运转指令通过其外接输入端子从外部输入开关信号(或电平信号)

来进行控制的方式。

这时这些按钮、选择开关、继电器、PLC 或 DCS 的继电器模块就替代了操作面板上的运行键、停止键、点动键和复位键,可以远距离地控制变频器的运转。

在图 1-25 中,正转 DI1、反转 DI2、点动 DI3、复位 DI4、使能 DI5 在实际变频器的端子中有以下三种具体表现形式。

1) 上述几个功能都是由专用的端子组成,即每个端子固定为一种功能。在实际接线中非常简单,不会造成误解,这在早期的变频器中较为普遍。

2) 上述几个功能都是由通用的多功能端子组成,即每个端子都不固定,可以通过定义多功能端子的具体内容来实现。在实际接线中非常灵活,可以大量节省端子空间。目前的小型变频器都有这个趋向。

3) 上述几个功能除正转和反转功能由专用固定端子实现,其余如点动、复位、使能融合在多功能端子中来实现。在实际接线中能充分考虑到灵活性和简单性于一体。现在大部分主流变频器都采用这种方式。

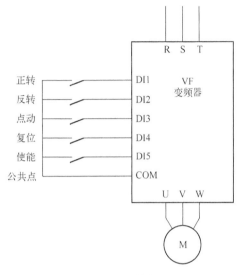

图 1-25 端子控制原理

由变频器拖动的电动机负载实现正转和反转功能非常简单,只需改变控制回路(或激活正转和反转)即可,而无须改变主回路。

常见的正反转控制有两种方法,如图 1-26 所示。DI1 代表正转端子,DI2 代表反转端子,S_1、S_2 代表正反转控制的接点信号("0"表示断开、"1"表示吸合)。图 1-26a 的方法中,接通 DI1 和 DI2 的其中一个就能正反转控制,即 DI1 接通后正转、DI2 接通后反转,若两者都接通或都不接通,则表示停机。图 1-26b 的方法中,接通 DI1 才能正反转控制,即 DI2 不接通表示正转、DI2 接通表示反转,若 DI1 不接通,则表示停机。

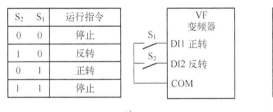

图 1-26 正反转控制原理

a) 控制方法一 b) 控制方法二

这两种方法在不同的变频器里有些只能选择其中的一种,有些可以通过功能设置来选择任意一种。但是如变频器定义为"反转禁止"时,则反转端子无效。

3. 通信控制

通信控制的方式与通信给定的方式相同,在不增加线路的情况下,只需将上位机给变频器的传输数据改一下即可对变频器进行正反转、点动及故障复位等控制。

1.3 变频器的电路结构

1.3.1 通用变频器电路概述

变频器应用了强弱电混合技术，一边要处理巨大电能的转换，一边要处理信息的收集、变换和传输，因此通用变频器分成功率转换和弱电控制两大部分，即俗称的主电路部分与控制电路部分。

如图 1-27 所示，变频器的主电路部分要解决与高压大电流有关的技术问题和新型电力电子器件的应用技术问题，这里采用整流、逆变控制方式；变频器的控制电路部分要解决基于现代控制理论的控制策略和智能控制策略的硬、软件开发问题，这里采用 DSP 全数字控制技术。

1.3.2 通用变频器主电路

1. 主电路构造

通用变频器一般都是采用交直交的方式组成，其主回路包括整流、制动及逆变等部分。在图 1-28 中，T1~T6 是主开关元件，VD1~VD6 是全桥整流电路中的二极管；VD7~VD12 这 6 个二极管为续流二极管，作用是消除晶体管开关过程中出现的尖峰电压，并将能量反馈给电源；L 为平波电抗器，作用是抑制整流桥输出侧输出的直流电流的脉动，使之平滑。晶体管 T1~T6 的开关状态由基极注入的电流控制信号来确定。

（1）整流部分

通常又被称为电网侧变流部分，是把三相或单相交流电整流成直流电。常见的低压整流部分是由二极管构成的不可控三相桥式电路，或由晶闸管构成的三相可控桥式电路。

（2）直流环节

由于逆变器的负载是异步电动机，属于感性负载，因此在中间直流部分与电动机之间总会有无功功率的交换，这种无功能量的交换一般都需要中间直流环节的储能元件（如电容或电感）来缓冲。

（3）逆变部分

通常又被称为负载侧变流部分，它通过不同的拓扑结构实现逆变元件的规律性关断和导通，从而得到任意频率的三相交流电输出。常见的逆变部分是由 6 个半导体主开关器件组成的三相桥式逆变电路。

（4）制动或回馈环节

由于制动形成的再生能量在电动机侧容易聚集到变频器的直流环节形成直流母线电压的泵升，需及时通过制动环节将能量以热能形式释放，或者通过回馈环节转换到交流电网中去。

2. 全控型电力电子器件

（1）门极关断（GTO）晶闸管

1964 年，美国第一次试制成功了 500 V/10 A 的门极关断（GTO）晶闸管。自 20 世纪 70

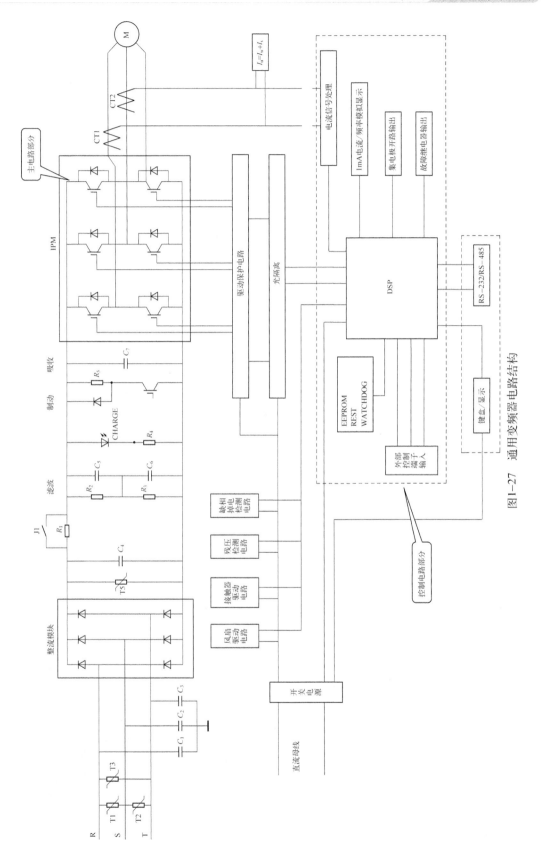

图1-27 通用变频器电路结构

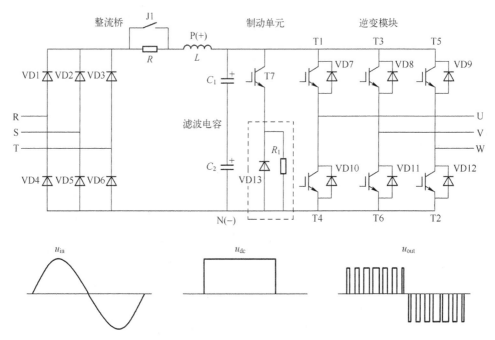

图 1-28　通用变频器的主电路构造

年代中期开始，门极关断（GTO）晶闸管的研制取得突破，相继出世了 1300 V/600 A、2500 V/1000 A、4500 V/2400 A 规格的产品，目前已达 9 kV/25 kA/800 Hz 及 6 Hz/6 kA/1 kHz 的水平。图 1-29 所示为三菱 FGR3000FX-90DA 系列 GTO 的外观与符号，其通态平均电流为 780 A，同时能承受 4500 V 电压。

图 1-29　三菱 FGR3000FX-90DA 系列 GTO 的外观与符号
a）外观　b）符号

在当前各种自关断器件中，门极关断（GTO）晶闸管容量最大、工作频率最低（1～2 kHz）。GTO 是电流控制型器件，因而在关断时需要很大的反向驱动电流；GTO 通态压降大、dU/dt 及 di/dt 耐量低，需要庞大的吸收电路。目前，GTO 虽然在低于 2000 V 的某些领域内已被 GTR 和 IGRT 等替代，但它在大功率电力牵引中有明显的优势。

（2）大功率晶体管（GTR）

GTR 是一种电流控制的双极双结电力电子器件，产生于 20 世纪 70 年代，其额定值已达 1800 V/800 A/2 kHz、1400 V/600 A/5 kHz、600 V/3 A/100 kHz。它既具备晶体管的固有特性，又增大了功率容量，因此由它所组成的电路灵活、成熟、开关损耗小、开关时间短，在电源、电动机控制及通用逆变器等中等容量、中等频率的电路中应用广泛。GTR 的缺点是驱动电流较大、耐浪涌电流能力差、易受二次击穿而损坏。在开关电源和 UPS 内，GTR 正逐步被功率 MOSFET 和 IGBT 所代替。图 1-30 所示为富士 1D600A-030 GTR 模块的外观。

图 1-30　富士 1D600A-030 GTR 模块的外观

（3）功率 MOSFET

功率 MOSFET 是一种电压控制型单极晶体管，它是通过栅极电压来控制漏极电流的，因而它的一个显著特点是驱动电路简单、驱动功率小。功率 MOSFET 的缺点是电流容量小、耐压低、通态压降大，不适宜运用于大功率装置。图 1-31 所示为三菱 FM200TU-07A 系列功率 MOSFET 外观和工作原理。

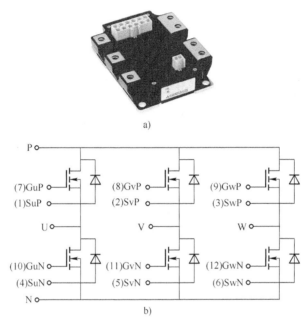

图 1-31 三菱 FM200TU-07A 系列功率 MOSFET 外观和工作原理

a）外观 b）工作原理

3. 复合型电力电子器件

（1）绝缘门极双极型晶体管（IGBT）

IGBT 是由美国 GE 公司和 RCA 公司于 1983 年首先研制的，当时容量仅 500 V/20 A。IGBT 可视为双极型大功率晶体管与功率场效应晶体管的复合体。通过施加正向门极电压形成沟道，提供晶体管基极电流使 IGBT 导通；反之，若提供反向门极电压则可消除沟道，使 IGBT 因流过反向门极电流而关断。IGBT 集 GTR 通态压降小、载流密度大、耐压高和功率 MOSFET 驱动功率小、开关速度快、输入阻抗高、热稳定性好的优点于一身，因此备受青睐。

如图 1-32 所示，IGBT 是 GTR 与功率 MOSFET 组成的达林顿结构，即由功率 MOSFET 驱动 PNP 晶体管，其中 R_N 为晶体管基区内的调制电阻。

IGBT 的驱动原理与功率 MOSFET 基本相同，它是一个场控器件，通断由栅射极电压 U_{GE} 决定。具体特性如下。

导通：当 U_{GE} 大于开启电压时，功率 MOSFET 内形成沟道，为晶体管提供基极电流，IGBT 导通。

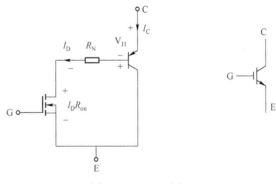

图 1-32 IGBT 原理

导通压降：电导调制效应使电阻 R_N 减小，使通态压降小。

关断：栅射极间施加反压或不加信号时，功率 MOSFET 内的沟道消失，晶体管的基极电流被切断，IGBT 关断。

图 1-33 所示为三菱其中一种 IGBT 模块 CM150E3Y2-24NF 的外观，它具有高输入阻抗、电压控制、驱动功率小、开关频率高、饱和压降低、电压和电流容量较大以及安全工作频率宽等优点。

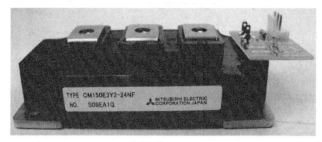

图 1-33　三菱 IGBT 模块 CM150E3Y2-24NF 的外观

（2）MOS 控制晶闸管（MCT）

MCT 最早由美国 GE 公司研制，是由功率 MOSFET 与晶闸管复合而成的新型器件。每个 MCT 器件由成千上万的 MCT 元组成，而每个 MCT 元又是由一个 PNPN 晶闸管、一个控制 MCT 导通的功率 MOSFET 和一个控制 MCT 关断的功率 MOSFET 组成。MCT 既具备功率 MOSFET 输入阻抗高、驱动功率小、开关速度快的特性，又兼有晶闸管高电压、大电流、低压降的优点。图 1-34 所示为 HARRIS 公司的 MCT3D65P100F2 系列 MCT 的外观与工作原理。

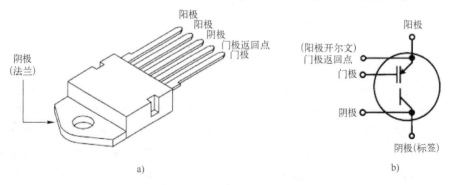

图 1-34　HARRIS 公司的 MCT3D65P100F2 系列 MCT 的外观与工作原理
a）外观　b）原理

（3）功率集成电路（PIC）

将功率器件及其驱动电路、保护电路、接口电路等外围电路集成在一个或几个芯片上，就制成了 PIC。一般认为，PIC 的额定功率应大于 1 W。功率集成电路还可以分为高压功率集成电路（HVIC）、智能功率集成电路（SPIC）和智能功率模块（IPM）。这里以最常用的 IPM 为例进行介绍。

IPM 除了集成功率器件和驱动电路以外，还集成了过电压、过电流、过热等故障监测电路，并可将监测信号传送至 CPU，以保证 IPM 自身在任何情况下不受损坏。当前，IPM 中的功率器件一般选用 IGBT。由于 IPM 体积小，可靠性高，使用方便，故深受用户喜爱。IPM 主要用于交流电动机控制、家用电器等。图 1-35 所示为富士 6MBP15RH060 系列 IPM 的外观与原理。

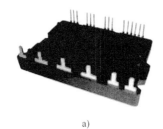

a)

③ VccU ── Vcc ── Pre-driver 1 ── OH ── ▽ ── P
② VinU ── IN ── SGND ── OUT
① GNDU ── GND ── U

⑥ VccV ── Vcc ── Pre-driver 1 ── OH ── ▽
⑤ VinV ── IN ── SGND ── OUT ── GND
④ GNDV ── V

⑨ VccW ── Vcc ── Pre-driver 1 ── OH ── ▽
⑧ VinW ── IN ── SGND ── OUT ── GND
⑦ GNDW ── W

Pre-driver 2
── OHX ── ▽
── SGNDX
── OUTX
⑪ Vcc ── Vcc
── OHY ── ▽
⑫ VinX ── INX ── SGNDY
── OUTY
⑬ VinY ── INY
⑭ VinZ ── INZ ── OHZ ── ▽
── SGNDZ
── OUTZ ── N1
⑮ ALM ── ALM
── PGND ── R_1 ── N2
── CC
── GND
⑩ GND

b)

图 1-35 富士 6MBP15RH060 系列 IPM 的外观与原理

a）外观 b）原理

1.3.3 控制回路结构

控制回路包括变频器的核心软件算法电路、检测传感电路、控制信号的输入/输出电路、驱动电路和保护电路。

现在以通用变频器为例来介绍控制回路，如图 1-27 所示，它包括以下几个部分。

（1）开关电源

变频器的辅助电源采用开关电源，具有体积小、效率高等优点。电源输入为变频器主回路直流母线电压或将交流 380V 整流。通过脉冲变压器的隔离变换和变压器二次侧的整流滤波可得到多路输出直流电压。其中+15 V 、−15 V 、+5 V 共地，±15 V 给电流传感器、运放等模拟电路供电，+5 V 给 DSP 及外围数字电路供电。相互隔离的四组或六组+15 V 电源给 IPM 驱动电路供电。+24 V 为继电器、直流风机供电。

（2）DSP（数字信号处理器）

变频器采用的 DSP 通常为 TI 公司的产品，如 TMS320F240 系列等。它主要完成电流、电压、温度采样，六路 PWM 输出，各种故障报警输入，电流、电压频率设定信号输入，还完成电动机控制算法的运算等功能。

（3）输入/输出端子

变频器控制电路输入/输出端子包括以下内容。

1）输入多功能选择端子、正反转端子及复位端子等。

2）继电器输出端子、开路集电极输出多功能端子等。

3）模拟量输入端子，包括外接模拟量信号用的电源（12 V、10 V 或 5 V）及模拟电压量频率设定输入和模拟电流量频率设定输入。

4）模拟量输出端子，包括输出频率模拟量和输出电流模拟量等，用户可以选择 0/4~20 mA 直流电流表或 0~10 V 的直流电压表，显示输出频率和输出电流，当然也可以通过功能码参数选择输出信号。

（4）SCI 口

TMS320F240 支持标准的异步串口通信，通信波特率可达 625 kbit/s。具有多机通信功能，通过一台上位机可实现多台变频器的远程控制和运行状态监视功能。

（5）操作面板部分

DSP 通过 SPI 口，与操作面板相连，完成按键信号的输入、显示数据的输出等功能。

1.3.4 PWM 控制输出

1. 交流输出的原理

变频器经整流回路后就形成了直流电源，再通过 IGBT，最后输出交流电。其中 IGBT 的 6 个开关 S1~S6 像图 1-36 那样导通、关断，那么负载电压就成为矩形波交流电压（如图 1-37 所示），其大小等同于直流电压源电压。

需要注意的是，在 IGBT 导通过程中，上下桥不能同时导通，如 S1 和 S4 刚好隔半个周期出现，否则就会形成桥臂直通短路。

2. 变频器输出波形的调制

变频器输出电压的控制主要有 PAM、PWM 和 SPWM 三种方式。

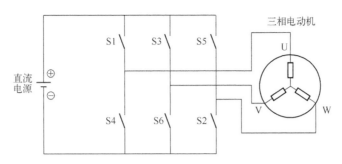

图1-36 逆变的原理

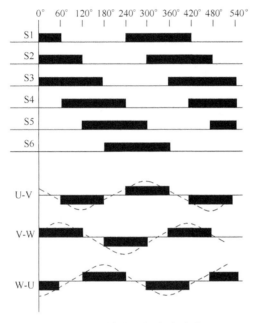

图1-37 输出三相交流波形

（1）PAM（Pulse Amplitude Modulation）

PAM 即脉幅调制，是一种改变电压源电压的幅值进行输出控制的方式。采用 PAM 调节电压时，高电压及低电压时的输出电压波形如图1-22所示。

（2）PWM（Pulse Width Modulation）

PWM 即脉宽调制，是通过改变调制周期来控制其输出频率的控制方式。以单极性调制为例，其输出波形正负半周对称，主电路中的 6 个 IGBT 开关器件以 S1-S2-S3-S4-S5-S6-S1 顺序轮流工作，每个开关器件都是半周工作，通、断 6 次输出 6 个等幅、等宽、等距脉冲列，另半周总处于阻断状态。

（3）SPWM（Sine Pulse Width Modulation）

SPWM 即正弦波形脉宽调制。调制的基本特点是在半个周期内，中间的脉冲宽，两边的脉冲窄，各脉冲之间等距而脉宽和正弦曲线下的积分面积成正比，脉宽基本上成正弦分布，见表1-2。经倒相后正半周输出正脉冲列，负半周输出负脉冲列。由波形可见，SPWM 比 PWM 的调制波形更接近于正弦波。

表 1-2　逆变器的调制方式

调制方式	输出低频（或低电压）	输出高频（或高电压）
PAM	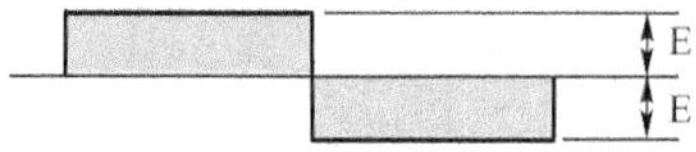	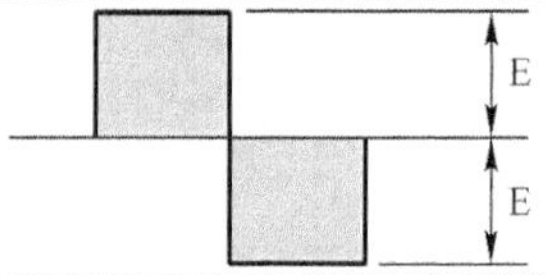
PWM	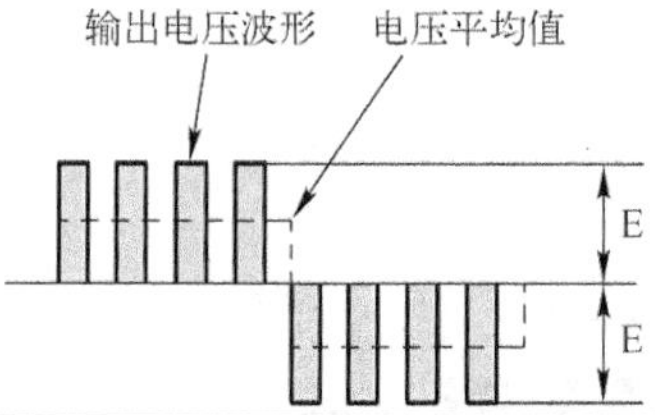	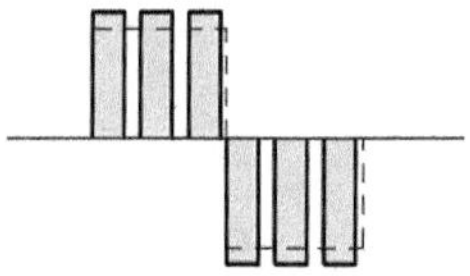
SPWM	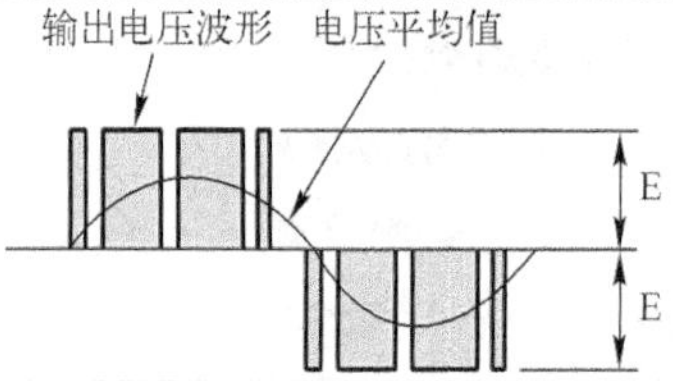	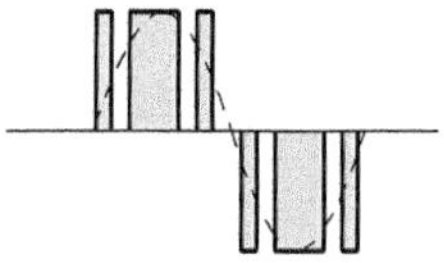

1.3.5　变频器驱动电路

如图 1-38 所示，变频器驱动电路用于将主控电路中 DSP 所产生的 6 个 PWM 信号经光耦隔离和放大后，作为逆变模块的驱动信号。

图 1-39 所示为典型的 IGBT 驱动结构，它包括隔离放大电路、驱动放大电路和驱动电路电源。

1. 分立式元件驱动电路原理

变频器中对驱动电路的各种要求因换流器件的不同而有所变化。图 1-40 所示为一典型的变频器驱动电路，它包括隔离放大、驱动放大和驱动电源三部分。

（1）隔离放大电路

驱动电路中的隔离放大电路对 PWM 信号起隔离与放大的作用，为了保护变频器主控电路中的 CPU，当 CPU 送出 PWM 信号后，首先应通过光耦隔离集成电路将驱动电路和 CPU 隔离，这样当驱动电路发生故障和损坏时，不至于将 CPU 也损坏。

隔离电路可根据信号相位的需要分为反相隔离电路和同相隔离电路两种，具体如图 1-41 所示。隔离电路中的光耦容易损坏，它损坏后，主控 CPU 所产生的 PWM 信号就给隔断，自然这一路驱动电路中就没有驱动信号输出了。

（2）驱动放大电路

驱动放大电路是将光耦隔离后的信号进行功率放大，使之具有一定的驱动能力，这种电路一般都采用双管互补放大的电路形式，驱动功率要求大的变频器，驱动放大电路采用二级驱动放大。同时，为了保证 IGBT 所获得的驱动信号幅值控制在安全范围内，驱动电路的输出端串联两个极性相反连接的稳压二极管。

驱动放大电路中容易损坏的器件是晶体管，这部分电路损坏后，若输出信号保持低电平，相对应的换流元件处于截止状态，不能起到换流作用。

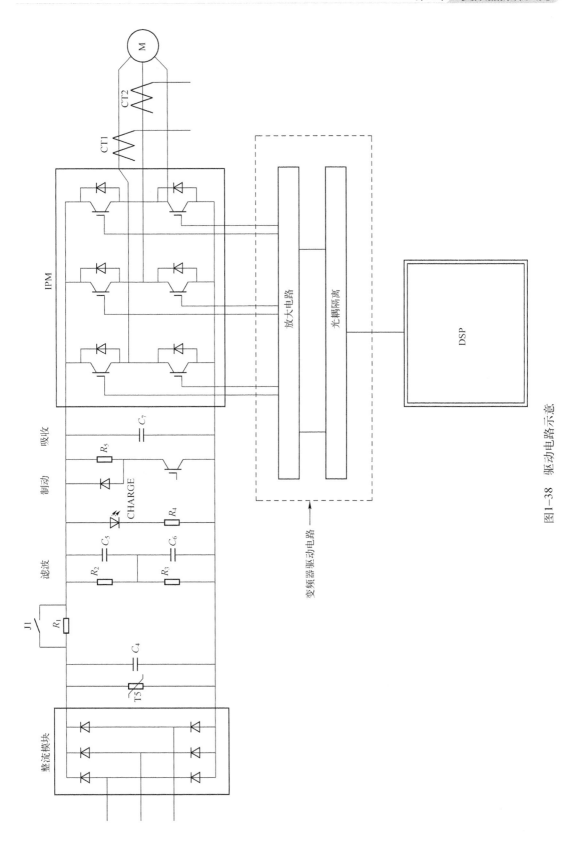

图1-38 驱动电路示意

如果输出信号保持高电平，相对应的换流元件就处于导通状态，当同桥臂的另外一个换流元件也处于导通状态时，这一桥臂就处于短路状态，会烧毁这一桥臂的逆变模块。

（3）驱动电路电源

图 1-42 所示为典型的驱动电路电源，它的作用是给光耦隔离集成电路的输出部分和驱动放大电路提供电源。注意一点，驱动电路的输出不在 U_p 与 0 V 之间，而是在 U_p 与 U_w 之间。当驱动信号为低电平时，驱动输出电压为负值（约 $-U_w$），保证可靠截止，这提高了驱动电路的抗干扰能力。

图 1-39　IGBT 驱动结构

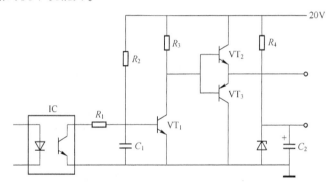

图 1-40　变频器驱动电路

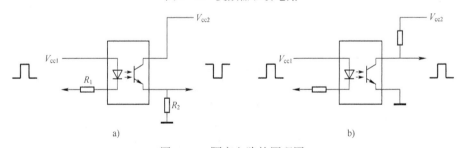

a)　　　　　　　　　　　　　　　b)

图 1-41　隔离电路的原理图

a）反相隔离电路　b）同相隔离电路

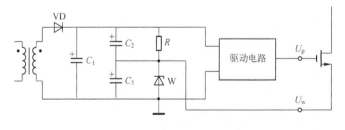

图 1-42　典型的驱动电路电源

2. 集成芯片式驱动电路原理

在驱动电路中，集成芯片（IC）驱动是比较常见的一种，比如图 1-43 所示的 PC929

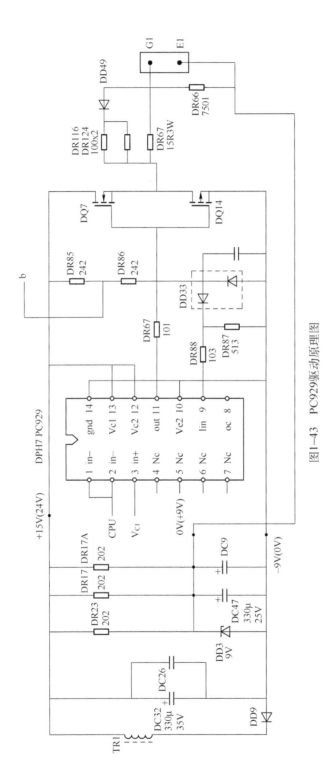

图1-43 PC929驱动原理图

就是驱动 IC。驱动 IC 的供电是由开关变压器一次绕组来的整流滤波后的电压，又经 R、WDCDR23、DD31 稳压电路分为正负供电，+15 V 为驱动电路的正供电或激励电压。−9 V 为驱动电路的负供电或截止电压。正负电压的公共点 0 V 称为零电位点，与 IGBT 的射极相连。

小功率变频器是由驱动 IC 直接驱动 IGBT 的，对大中功率变频器来说，驱动脉冲的引出电阻 DR67 为栅极电阻，驱动脉冲即是由此电阻引入到 IGBT 栅极的。PC929 的外观结构与原理如图 1-44 所示。

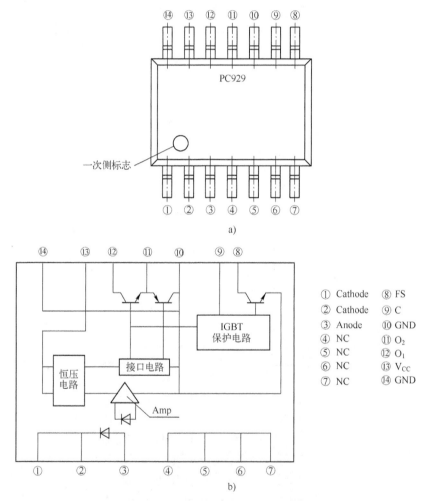

图 1-44　PC929 的外观结构与原理

a）外观结构　b）原理

PC929 的 1、2、3 引脚为信号输入端，内接光电耦合器的输入发光二极管；4、5、6、7 引脚为空脚（NC）；8 引脚为 OC 信号输出端；9 引脚为过电流检测输入端；10、14 引脚为输出侧负电源端；11 引脚为驱动信号输出端。PC929 的最高供电电压为 35 V，峰值驱动电流输出为 400 mA，隔离电压为 4000 V。

1.4 三菱 E700 变频器端子接线与面板操作

1.4.1 三菱 E700 变频器的认识

三菱 700 系列变频器是从原先的 500 系列演变而来的，共包括 A700/D700/E700/F700 四种类型。700 系列的变频器在端子排布和参数设置上具有共通性，因此，只要了解了其中一种类型的变频器，就可以触类旁通，其基本参数和外部接线基本一致。这里以 E700 变频器为例进行介绍。

从包装箱取出三菱变频器 E700，如图 1-45a 所示，检查正面盖板的容量铭牌和图 1-45b、图 1-45c 所示的机身侧面额定铭牌，确认变频器型号，产品是否与订货单相符，机器是否有损坏。

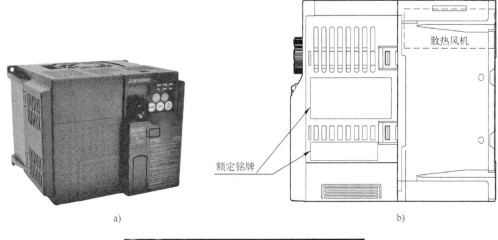

图 1-45 三菱 E700 变频器外观及铭牌位置
a）变频器外观 b）变频器侧面的额定铭牌位置 c）具体铭牌

如图 1-46 所示，观察三菱 E700 变频器的铭牌，同时从铭牌中理解三菱变频器的命名规则，最后的字母 CHT 表示产地在中国、NA 表示产地在日本。从表 1-3 可以看出，E740 变频器为 E700 系列中的一种，为输入电压三相 400 V 级；另外一种为 E720S，为输入电压单相 200 V 级。从命名规则中可以知道，用于交流电动机传动的变频器其容量非常重要，在一般情况下，电动机容量与变频器容量必须匹配，否则会出现过电流、过载等异常现象。

图 1-46　三菱 E700 变频器铭牌

表 1-3　三菱 E700 变频器命名规则

适用变频器		电动机输出/kW
三相 400 V	FR-E740-0.4K-CHT	0.4
	FR-E740-0.75K-CHT	0.75
	FR-E740-1.5K-CHT	1.5
	FR-E740-2.2K-CHT	2.2
	FR-E740-3.7K-CHT	3.7
	FR-E740-5.5K-CHT	5.5
	FR-E740-7.5K-CHT	7.5
	FR-E740-11K-CHT	11
	FR-E740-15K-CHT	15
单相 200 V	FR-E720S-0.1K-CHT	0.1
	FR-E720S-0.2K-CHT	0.2
	FR-E720S-0.4K-CHT	0.4
	FR-E720S-0.75K-CHT	0.75
	FR-E720S-1.5K-CHT	1.5
	FR-E720S-2.2K-CHT	2.2

1.4.2　三菱 E700 变频器端子接线概述

1. 端子接线

端子接线图分主电路与控制电路两个部分，如图 1-47 所示为端子接线图。

主电路根据不同的机型选择不同的进线电源，一般分为三相交流电源和单相交流电源两种。其中图 1-48 所示为单相交流电源，只需要接入 220V 交流即可，但是其输出依然是三相电动机，而不是单相电动机。

控制电路共包括控制信号输入、频率设定信号（模拟）、继电器输出、集电极开路输出和模拟电压输出等。

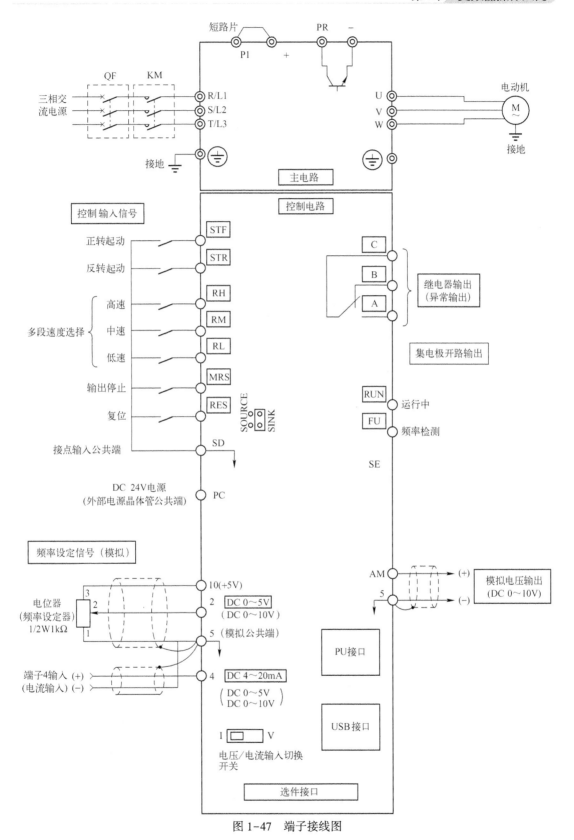

图1-47 端子接线图

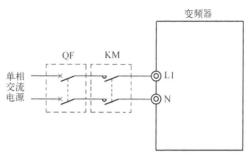

图 1-48　单相变频器进线

2. 主电路端子

表 1-4 所示为三相变频器 E700 主电路端子功能说明，包括交流电源输入、变频器输出、制动电阻器连接、制动单元连接、直流电抗器连接和接地。

表 1-4　三相变频器 E700 主电路端子功能说明

端子记号	名　称	功能说明
R/L1、S/L2、T/L3	交流电源输入	连接工频电源
U、V、W	变频器输出	连接三相笼型电动机
+、PR	制动电阻器连接	在端子+和 PR 间连接选购的制动电阻器（FR-ABR、MRS 型），其中 0.1K、0.2K 不能连接
+、-	制动单元连接	连接制动单元（FR-BU2）、共直流母线变流器（FR-CV）以及高功率因数变流器（FR-HC）
+、P1	直流电抗器连接	拆下端子+和 P1 间的短路片，连接直流电抗器
⏚	接地	变频器机架接地用。必须接大地

图 1-49 所示为 FR-E740-0.4K～3.7K-CHT 主电路端子排列图，也是本书中最常用到的 E700 系列变频器 1.5 kW 类型。电源线必须连接至 R/L1、S/L2 和 T/L3 上，没有必要考虑相序，绝对不能接 U、V、W，否则会损坏变频器。电动机连接到 U、V、W 后，接通正转开关（信号）时，电动机的转动方向从负载轴方向看为逆时针方向。

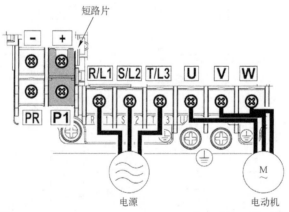

图 1-49　FR-E740-0.4K～3.7K-CHT 主电路端子排列图

从图 1-49 中可以看出，连接在 "P1" 和 "+" 之间的默认配置为短路片，如果为了提高变频器的输入功率因数则可以改为图 1-50 所示的直流电抗器，即将短路片取下。如图 1-51 所示为加入三菱 FR-FEL 直流电抗器的示意图。

图 1-50　直流电抗器外观

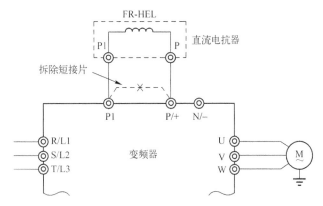

图 1-51　加入三菱 FR-HEL 直流电抗器

直流电抗器（又称平波电抗器）主要用于变流器的直流侧，电抗器中流过的具有交流分量的直流电流。主要用途是将叠加在直流电流上的交流分量限定在某一规定值，保持整流电流连续，减小电流脉动值，改善输入功率因数。

3. 控制电路端子

表 1-5 所示为 E700 变频器控制输入信号端子功能，其中 STF、STR、RH、RM、RL、MRS、RES 等端子可以通过参数 Pr.178 ~ Pr.184、Pr.190 ~ Pr.192（输入/输出端子功能选择）来选择端子功能。在起动过程中，当 STF、STR 信号同时 ON 时变成停止指令。

表 1-5　E700 变频器控制输入信号端子功能

端　子	名　　称	功　能　说　明
STF	正转起动	STF 信号 ON 时为正转、OFF 时为停止指令
STR	反转起动	STR 信号 ON 时为反转、OFF 时为停止指令
RH、RM、RL	多段速度选择	用 RH、RM 和 RL 信号的组合可以选择多段速度
MRS	输出停止	MRS 信号 ON（20 ms 以上）时，变频器输出停止。用电磁制动停止电动机时用于断开变频器的输出
RES	复位	复位用于解除保护回路动作时的报警输出。使 RES 信号处于 ON 状态 0.1 s 或以上，然后断开。初始设定为始终可进行复位。但进行了参数 Pr.75 的设定后，仅在变频器报警发生时可进行复位。复位所需时间约为 1 s
SD	接点输入公共端（漏型）（初始设定）	接点输入端子（漏型逻辑）
	外部晶体管公共端（源型）	源型逻辑时，连接晶体管输出（即集电极开路输出）的公共端，例如可编程控制器（PLC）时，将晶体管输出用的外部电源公共端接到该端子时，可以防止因漏电引起的误动作
	DC 24 V 电源公共端	DC 24 V、0.1 A 电源（端子 PC）的公共输出端子。与端子 5 及端子 SE 绝缘
PC	外部晶体管公共端（漏型）（初始设定）	漏型逻辑时，连接晶体管输出（即集电极开路输出）的公共端，例如可编程控制器（PLC）时，将晶体管输出用的外部电源公共端接到该端子时，可以防止因漏电引起的误动作
	接点输入公共端（源型）	接点输入端子（源型逻辑）的公共端子
	DC 24 V 电源	可作为 DC 24 V、0.1 A 的电源使用

控制输入信号的具体规格为：输入电阻 4.7 kΩ，开路时电压 DC 21～26 V，短路时 DC 4～6 mA。

表 1-6 所示为频率设定信号（模拟）端子功能、规格，在使用这些端子时，需要正确设定 Pr.267 和电压/电流输入切换开关，输入与设定相符的模拟信号。将电压/电流输入切换开关设为"I"（电流输入规格）进行电压输入，若将开关设为"V"（电压输入规格）进行电流输入，可能导致变频器或外部设备的模拟电路发生故障。

表 1-6　频率设定信号（模拟）端子功能、规格

端子	名　　称	功 能 说 明	规　　格
10	频率设定用电源	作为外接频率设定（速度设定）用电位器时的电源使用	DC 5 V，容许负载电流 10 mA
2	频率设定（电压）	如果输入 DC 0～5 V（或 0～10 V），在 5 V（10 V）时最大输出频率，输入输出成正比。通过 Pr.73 进行 DC 0～5 V（初始设定）和 DC 0～10 V 输入的切换操作	输入电阻 10 kΩ±1 kΩ，最大容许电压 DC 20 V
4	频率设定（电流）	如果输入 DC 4～20 mA（或 0～5 V，0～10 V），在 20 mA 时为最大输出频率，输入输出成比例。只有 AU 信号为 ON 时端子 4 的输入信号才会有效（端子 2 的输入将无效）。通过 Pr.267 进行 4～20 mA（初始设定）和 DC 0～5 V、DC 0～10 V 输入的切换操作。电压输入（0～5 V/0～10 V）时，请将电压/电流输入切换开关切换至"V"	电流输入的情况下：输入电阻 233 Ω±5 Ω 最大容许电流 30mA。电压输入的情况下：输入电阻 10 kΩ±1 kΩ，最大容许电压 DC 20 V
5	频率设定公共端	频率设定信号（端子 2 或 4）及端子 AM 的公共端子。请不要接大地	—

表 1-7 所示为继电器输出，用于指示变频器因保护功能动作时的继电器输出。其触点容量为 AC 230 V、0.3 A（功率因数＝0.4）或 DC 30 V、0.3 A。

表 1-7　继电器输出

端　　子	名　　称	功 能 说 明
A、B、C	继电器输出（异常输出）	指示变频器因保护功能动作时输出停止的接点输出。异常时：B-C 间不导通（A-C 间导通），正常时：B-C 间导通（A-C 间不导通）

表 1-8 所示为集电极开路输出端子功能，其规格为：容许负载 DC 24 V（最大 DC 27 V）、0.1 A，ON 时最大电压降 3.4 V；低电平表示集电极开路输出用的晶体管处于 ON（导通状态）。高电平表示处于 OFF（不导通状态）。

表 1-8　集电极开路输出端子功能

端子	名　　称	功 能 说 明
RUN	变频器正在运行	变频器输出频率为起动频率（初始值 0.5 Hz）或以上时为低电平，正在停止或正在直流制动时为高电平
FU	频率检测	输出频率为任意设定的检测频率以上时为低电平，未达到时为高电平
SE	集电极开路输出	RUN、FU 的公共端端子

表 1-9 所示为模拟电压输出端子功能。

表 1-9　模拟电压输出端子功能

端子	名　　称	功 能 说 明
AM	模拟电压输出	可以从多种监视项目中选一种作为输出。变频器复位中不被输出。输出信号与监视项目的大小成比例。输出项目为输出频率（初始设定）

4. 漏型与源型电路

三菱 E700 变频器的多功能输入端子可以选择漏型逻辑和源型逻辑两种方式。漏型逻辑和源型逻辑相比，就是电流是从相应的输入端子流出和流入的问题。图 1-52 所示为漏型与源型跳线，其中 SINK 为漏型，SOURCE 为源型。输入信号出厂设定为漏型逻辑（SINK）。为了切换控制逻辑，需要切换控制端子上方的跨接器，可使用镊子或尖嘴钳将漏型逻辑（SINK）上的跨接器转换至源型逻辑（SOURCE）上。跨接器的转换请在未通电的情况下进行。

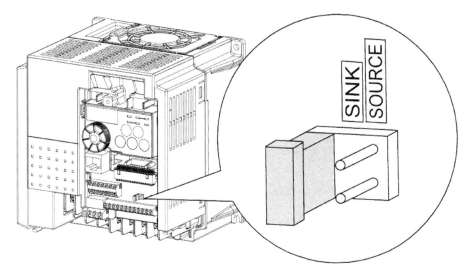

图 1-52　漏型与源型跳线

如图 1-53 所示，漏型逻辑指信号输入端子有电流流出时信号为 ON 的逻辑。端子 SD 是接点输入信号的公共端端子。

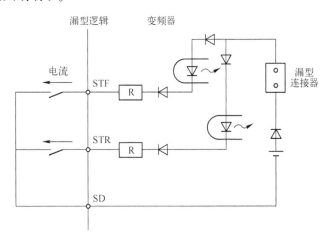

图 1-53　漏型逻辑

如图 1-54 所示，源型逻辑指信号输入端子中有电流流入时信号为 ON 的逻辑。端子 PC 是接点输入信号的公共端端子。

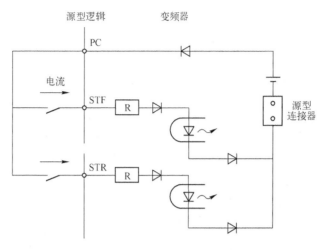

图 1-54　源型逻辑

1.4.3　三菱 E700 变频器操作面板的按键与指示灯含义

三菱 E700 变频器的操作面板不可拆卸，如图 1-55 所示。

（1）单位显示

Hz：显示频率时亮灯（显示设定频率监视时闪烁）。

A：显示电流时亮灯。

显示上述以外的内容时，"Hz" "A" 一齐熄灭。

（2）监视器（4 位 LED）

显示频率、参数编号等。三菱 E700 的参数以 Pr. 为前缀，根据运行条件设定各参数，表 1-10 列出了使用目的和相对应的常见参数。表中并未列出全部参数，相关资料请参考书中所配数字资源。

变频器仿真软件
与面板定义

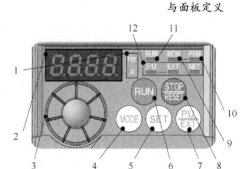

图 1-55　E700 变频器的操作面板

表 1-10　使用目的和相对应的常见参数

使用目的		参数编号
关于控制模式	想变更控制方法	Pr. 80、Pr. 81、Pr. 800
调整电动机的输出转矩（电流）	手动转矩提升	Pr. 0、Pr. 46
	先进磁通矢量控制	Pr. 80、Pr. 81、Pr. 89、Pr. 800
	通用磁通矢量控制	Pr. 80、Pr. 81、Pr. 800
	转差补偿	Pr. 245～Pr. 247
	失速防止动作	Pr. 22、Pr. 23、Pr. 48、Pr. 66、Pr. 156、Pr. 157、Pr. 277
通过端子（接点输入）设定频率	通过多段速设定运行	Pr. 4～Pr. 6、Pr. 24～Pr. 27、Pr. 232～Pr. 239
	点动运行	Pr. 15、Pr. 16
	遥控设定功能	Pr. 59

（续）

使 用 目 的		参 数 编 号
加减速时间、加减速曲线的调整	加减速时间的设定	Pr. 7、Pr. 8、Pr. 20、Pr. 21、Pr. 44、Pr. 45、Pr. 147
	起动频率	Pr. 13、Pr. 571
	加减速曲线	Pr. 29
	自动设定最短的加减速时间（自动加减速）	Pr. 61~Pr. 63、Pr. 292、Pr. 293
	再生回避功能	Pr. 665、Pr. 882、Pr. 883、Pr. 885、Pr. 886
电动机的选择和保护	电动机的过热保护（电子过电流保护）	Pr. 9、Pr. 51
	使用恒转矩电动机（适用电动机）	Pr. 71、Pr. 450
	离线自动调谐	Pr. 71、Pr. 82~Pr. 84、Pr. 90~Pr. 94、Pr. 96、Pr. 859
外部端子的功能分配和控制	输入端子的功能分配	Pr. 178~Pr. 184
	起动信号选择	Pr. 250
	输出停止信号（MRS）的逻辑选择	Pr. 17
	输出端子的功能分配	Pr. 190~Pr. 192
	输出频率的检测（SU、FU 信号）	Pr. 41~Pr. 43
	输出电流的检测（Y12 信号）零电流的检测（Y13 信号）	Pr. 150~Pr. 153
	远程输出功能（REM 信号）	Pr. 495~Pr. 497

（3）M 旋钮（三菱变频器的旋钮，M 是三菱英文 Mitsubishi 的首字母）

用于变更频率、参数的设定值。按该旋钮可显示以下内容：监视模式时的设定频率；校正时的当前设定值；错误历史模式时的顺序。

（4）模式切换

用于切换各设定模式。和 同时按下也可以用来切换运行模式，长按此键（2 s）可以锁定操作。PU 表示操作面板控制方式，EXT 表示外部端子控制方式。

（5）各设定的确定

运行中按此键则监视器出现以下显示：

（6）起动指令

（7）运行模式切换

用于切换 PU/外部运行模式。使用外部运行模式（通过另接的频率设定旋钮和起动信号起动的运行）时请按此键，使表示运行模式的 EXT 处于亮灯状态。

PU：PU 运行模式；EXT：外部运行模式，也可以解除 PU 停止。

（8）停止运行

停止运转指令。保护功能（严重故障）生效时，也可以进行报警复位。

（9）监视器显示

监视模式时亮灯。

（10）参数设定模式显示

参数设定模式时亮灯。

（11）运行状态显示

变频器动作中亮灯/闪烁。

亮灯：正转运行中；缓慢闪烁（1.4 s 循环）：反转运行中；快速闪烁（0.2 s 循环）：按 RUN 键或输入起动指令都无法运行时，或有起动指令但频率指令在起动频率以下时，以及输入了 MRS 信号时。

（12）运行模式显示

PU：PU 运行模式时亮灯。

EXT：外部运行模式时亮灯（初始设定状态下，在电源 ON 时点亮）。

NET：网络运行模式时亮灯。

PU、EXT：在外部/PU 组合运行模式 1、2 时点亮。

操作面板无指令权时，全部熄灭。

1.4.4 三菱 E700 变频器的面板操作

1. 改变参数 Pr.7

三菱 E700 变频器的面板操作

在各类手册或说明书中，三菱变频器的参数号通常用 Pr. xx 表示，其中"Pr."为英文单词 Parameter 的简写。在 E700 的操作面板中经常是以 P. 或 Pr. 来出现，表 1-11 所示为改变参数 Pr.7（加速时间）的具体步骤。

表 1-11 改变参数 Pr.7（加速时间）的具体步骤

	操作步骤	显示结果
1	按 PU/EXT 键，选择 PU 操作模式	PU显式灯亮。 0.00
2	按 MODE 键，进入参数设定模式	PRM显式灯亮。 P. 0
3	拨动设定用旋钮，选择参数号码 P7	P. 7
4	按 SET 键，读出当前的设定值	3.0
5	拨动设定用旋钮，把设定值变为"4.0"	4.0
6	按 SET 键，完成设定	4.0 P.7 闪烁

2. 改变参数 Pr.160

三菱 E700 变频器的参数非常多，在默认情况下，有些参数不可见，这时候可以改变参数 Pr.160，见表 1-12，从 Pr.160=9999 修改为 Pr.160=0。

3. 参数初始化

参数初始化是非常重要的一个训练步骤，它能将所有的参数都恢复到出厂设定值。在调试变频器的参数过程中，经常会出现控制失常的现象，这时候最好的办法就是"参数初始化"，以确认到底是变频器本身原因，还是参数设置原因。表 1-13 所示为参数初始化的步骤。如果设定 Pr.77 参数写入选择为"1"，则无法初始化此参数。

表 1-12 改变参数 Pr.160 的具体步骤

操 作 步 骤	显 示 结 果
1 按 PU/EXT 键，选择 PU 操作模式	PU 显示灯亮。 0.00 PU
2 按 MODE 键，进入参数设定模式	PRM 显示灯亮。 P. 0 PRM
3 拨动 设定用旋钮，选择参数号码 P160	P.160
4 按 SET 键，读出当前的设定值为 9999	9999
5 拨动 设定用旋钮，把设定值变为"0"	0
6 按 SET 键，完成设定	0 P.160 闪烁

表 1-13 参数初始化

操 作 步 骤	显 示 结 果
1 按 PU/EXT 键，选择 PU 操作模式	PU显式灯亮。 0.00 PU
2 按 MODE 键，进入参数设定模式	PRM显式灯亮。 P. 0 PRM
3 拨动 设定用旋钮，选择参数号码 ALLC	ALLC 参数全部清除
4 按 SET 键，读出当前的设定值	0
5 拨动 设定用旋钮，把设定值变为"1"	1
6 按 SET 键，完成设定	1 ALLC 闪烁

无法清零时将 Pr.79 改为"1"。

4. 用操作面板设定频率运行

用变频器操作面板运行是比较常见的工作方式，表 1-14 所示为用操作面板设定频率运行的步骤。

用操作面板设定
频率运行

表 1-14　用操作面板设定频率运行

	操作步骤	显示结果
1	按 PU/EXT 键，选择 PU 操作模式	PU 显式灯亮。  0.00
2	旋转设定用旋钮，把频率该为设定值	 50.00 闪烁约5s
3	按 SET 键，设定值频率	 50.00 F 闪烁
4	闪烁 3 s 后显示回到 0.0，按 RUN 键运行	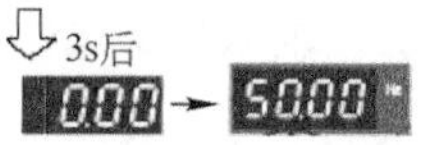 3s后 0.00 → 50.00
5	按 STOP/RESET 键，停止	 50.00 → 0.00 Hz

按下设定按钮，显示设定频率。

5. 查看输出电流

为了正确了解变频器在运行时的输出电流，可以通过操作面板来查看（见表 1-15）。

表 1-15　查看输出电流

	操作步骤	显示结果
1	按 MODE 键，显示输出频率	 50.00
2	按住 SET 键，显示输出电流	 1.00 A 灯亮
3	放开 SET 键，回到输出频率显示模式	 50.00

1.5　三菱 E700 变频器操作实例

1.5.1　【实操任务 1-1】在三菱 E700 变频器输入侧/输出侧增加接触器

任务说明

实操任务 1-1

现有一台三菱 E700 变频器用于某安全设备上，控制要求如下。

1）如果外部"切除电源"OFF 按钮动作时，变频器必须断电，上电则先通过"投入电源"ON 按钮进行动作。在正常运行时，都是通过"运行"或"停止"按钮来起停电动机。

2）若要在变频器损坏的情况下，能够用工频方式来起动电动机，该如何设计线路图。

实操思路

1. 输入侧接触器电路设计

按照图 1-56 接线要求，先按下 ON 按钮使得 KM 接触器吸合，才能按"运行"按钮，使 KA 动作，从而变频器才能开始运行。

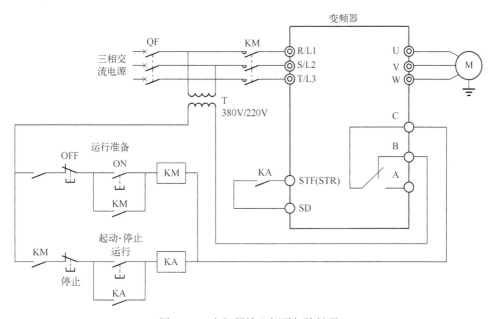

图 1-56 变频器输入侧增加接触器

2. 输出侧接触器电路设计

在有工频供电与变频器切换的操作中，请确保用于工频切换的 KM1 和 KM2 可以进行电气和机械互锁，如图 1-57 所示。

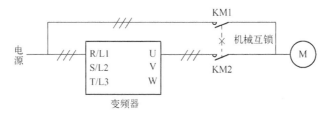

图 1-57 输出接触器

3. 学习总结

变频器和电动机间的电磁接触器请在变频器和电机都停止时切换。变频器运行中进行 OFF→ON 操作时，变频器的过电流保护等将会动作。为了切换至外部电源而安装接触器时，请在变频器和电动机都停止后再切换接触器。除了误接线，在工频供电与变频器切换电路时，有时也会因切换时的电弧或顺控错误时造成的振荡最终损坏变频器。

由于电源接通时浪涌电流的反复入侵会导致变频器主回路模块的寿命（开关寿命为 100 万次左右）缩短，因此应避免通过输入侧接触器频繁开关变频器。可以通过变频器起动控制用端子（STF、STR）来使变频器运行或停止。

而在下列使用目的下，建议在变频器输入侧设置接触器。

1）变频器保护功能动作时，或驱动装置异常时（紧急停止操作等），需要把变频器与电源断开的情况下。例如在连接制动电阻器选件后，即使实施循环运行或条件恶劣的运行时，在因制动用放电电阻器的热容量不足、再生制动器使用率过大等导致再生制动器用晶体管损坏时，希望能够防止放电电阻器的过热、烧损。

2）为防止变频器因停电停止后，恢复供电时自然再起动而引起事故时。

3）变频器用控制电源始终运转，因此会消耗若干电力。长时间停止变频器时切断变频器的电源可节省一定的电力。

4）为确保维护、检查作业的安全性，需要切断变频器电源时。

1.5.2　运行模式选择

Pr. 79 用于选择三菱 700 系列变频器的运行模式，它可以任意变更通过外部指令信号执行的运行（外部运行）、通过操作面板以及 PU（FR-PU07/FR-PU04-CH）执行的运行（PU 运行）、PU 运行与外部运行组合的运行（外部/PU 组合运行）及网络运行（使用 RS-485 通信或通信选件时）。表 1-16 为 Pr. 79 参数设定范围、内容与 LED 显示，通过该参数可以同时设定频率指令和起动指令。

运行模式选择

表 1-16　Pr. 79 参数设定范围、内容与 LED 显示

设定范围	内　　容	LED 显示 ▇灭灯 ▢亮灯
0	外部/PU 切换模式，通过$\boxed{\frac{PU}{EXT}}$键可以切换 PU 与外部运行模式 接通电源时为外部运行模式	外部运行模式 **EXT** PU 运行模式 **PU**
1	固定为 PU 运行模式	**PU**
2	固定为外部运行模式 可以在外部、网络运行模式间切换运行	外部运行模式 **EXT** 网络运行模式 **NET**
3	外部/PU 组合运行模式 1 | 频率指令	起动指令
用操作面板、PU（FR-PU04-CH/FR-PU07）设定或外部信号输入（多段速设定，端子 4-5 间（AU 信号 ON 时有效））	外部信号输入（端子 STF、STR）		**PU** **EXT**
4	外部/PU 组合运行模式 2 | 频率指令	起动指令
外部信号输入（端子 2、4、JOG、多段速选择等）	通过操作面板的$\boxed{RUN}$键、PU（FR-PU04-CH/FR-PU07）的$\boxed{FWD}$、$\boxed{REV}$键来输入		

（续）

设定范围	内 容	LED 显示 ▭灭灯 ▢亮灯
6	切换模式 可以在保持运行状态的同时，进行 PU 运行、外部运行及网络运行的切换	PU运行模式 **PU** 外部运行模式 **EXT** 网络运行模式 **NET**
7	外部运行模式（PU 运行互锁） X12 信号 ON： 可切换到 PU 运行模式（外部运行中输出停止） X12 信号 OFF： 禁止切换到 PU 运行模式	PU运行模式 **PU** 外部运行模式 **EXT**

　　在图 1-58 所示的 E700 变频器中，使用控制电路端子、在外部设置电位器和开关来进行操作的是"外部运行模式"，使用操作面板以及参数单元（FR-PU04-CH/FR-PU07）输入起动指令、设定频率的是"PU 运行模式"，通过 PU 接口进行 RS-485 通信或使用通信选件的是"网络运行模式（NET 运行模式)"。

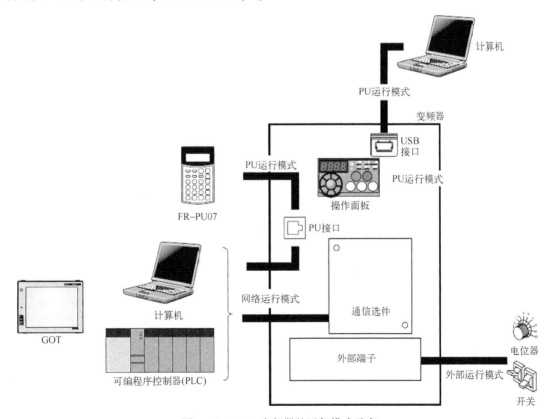

图 1-58　E700 变频器的运行模式示意

　　PU/外部组合运行有"3""4"两个设定值，起动方法根据不同的设定值而改变。初始设定状态下，除 PU 运行模式外，通过操作面板或参数单元（FR-PU04-CH/FR-PU07）的 STOP/RESET 键停止运行的功能（PU 停止选择）也有效。

　　运行模式的切换方法可以设定参数 Pr. 340，如图 1-59 所示为 Pr. 340 = "0"或"1"时的切换方法，而图 1-60 所示为 Pr. 340 = "10"时的切换方法。

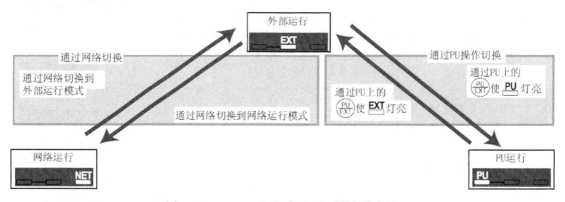

图 1-59　Pr. 340 = "0"或"1"时的切换方法

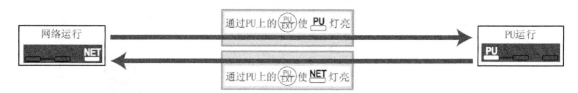

图 1-60　Pr. 340 = "10"时的切换方法

　　E700 变频器的运行模式选择流程如图 1-61 所示。

1.5.3　【实操任务 1-2】三菱 E700 变频器控制电动机正反转

实操任务 1-2

任务说明

　　请对 E700 进行接线，并设置参数实现如下功能。

　　1）正确设置变频器输出的额定频率、额定电压、额定电流、额定功率及额定转速。

　　2）通过外部端子控制电动机起动/停止、正转/反转，按下按钮"S1"电动机正转，按下按钮"S2"电动机反转。

　　3）运用操作面板改变电动机起动的点动运行频率和加减速时间。

实操思路

1. 电气接线

按照图 1-62 变频器外部接线图完成变频器的接线，认真检查，确保正确无误。

2. 设置参数

闭合电源开关，按照表 1-17 的参数功能表正确设置变频器参数。

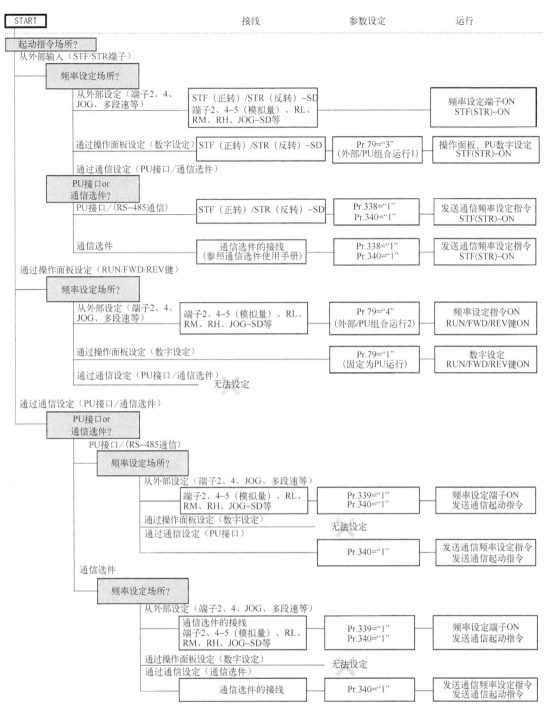

图 1-61　E700 变频器的运行模式选择流程

表 1-17　参数功能表

序号	变频器参数	出厂值	设定值	功能说明
1	Pr. 1	50	50	上限频率（50 Hz）

(续)

序号	变频器参数	出厂值	设定值	功 能 说 明
2	Pr. 2	0	0	下限频率（0 Hz）
3	Pr. 7	5	10	加速时间（10 s）
4	Pr. 8	5	10	减速时间（10 s）
5	Pr. 9	0	0.35	电子过电流保护（0.35 A）
6	Pr. 160	9999	0	扩展功能显示选择
7	Pr. 79	0	3	操作模式选择
8	Pr. 178	60	60	STF 正向起动信号
9	Pr. 179	61	61	STR 反向起动信号
10	Pr. 161	0	1	频率设定/键盘锁定操作选择

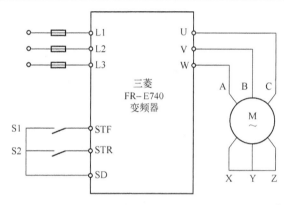

图 1-62　变频器外部接线图

3. 按如下步骤进行操作

1）用旋钮设定变频器运行频率。

2）闭合开关 S1，观察并记录电动机运转情况。

3）断开按钮 S1，闭合开关 S2，观察并记录电动机的运转情况。

4）改变 Pr. 7、Pr. 8 的值，重复 1）、2）、3），观察电动机运转状态有什么变化。

4. 学习总结

1）成绩评价见表 1-18，该表可以作为变频器实训操作平时考核分（后续学习任务可以参照本表格进行）。

表 1-18　成绩评价表

序号	主要内容	考核要求	评分标准	配分	扣分	得分
1	接线	能正确使用工具和仪表，按照电路图正确接线	1. 接线不规范，每处扣 5～10 分 2. 接线错误，扣 20 分	30		
2	参数设置	能根据任务要求正确设置变频器参数	1. 参数设置不全，每处扣 5 分 2. 参数设置错误，每处扣 5 分	30		
3	操作调试	操作调试过程正确	1. 变频器操作错误，扣 10 分 2. 调试失败，扣 20 分	20		

（续）

序号	主要内容	考核要求	评分标准	配分	扣分	得分
4	安全文明生产	操作安全规范、环境整洁	违反安全文明生产规程，扣5~10分	20		
		总计				

2）总结使用变频器外部端子控制电动机正反转的操作方法。

3）总结变频器外部端子的不同功能及使用方法。

1.5.4 【实操任务1-3】三菱 E700 变频器控制电动机不同模式运行

 任务说明

对三菱 E700 变频器进行合理接线来完成如下控制要求。

1）如图 1-63 所示，通过操作面板的 M 旋钮来调节电动机运行频率，并通过外部端子 STF/STR 来控制正反转起/停。

实操任务 1-3

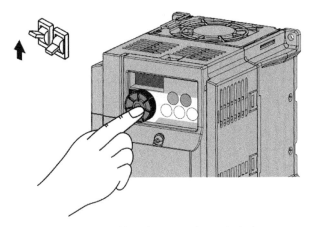

图 1-63　M 旋钮来调节电动机运行频率

2）如图 1-64 所示，通过开关 K1 来起/停电动机，并以 SB1/SB2/SB3 的组合来设定三段频率调节电动机运行速度（Pr. 4~Pr. 6、Pr. 24~Pr. 27）。

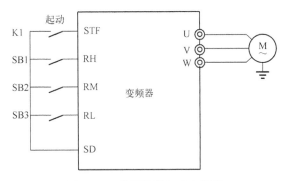

图 1-64　外部端子起动变频器

实操思路

1. 电气接线并填写参数

按照图 1-65 接线要求，即起动命令由外部端子 STF/STR 发出，频率命令由 M 旋钮设定。变频器参数请根据要求填写入表 1-19 中。

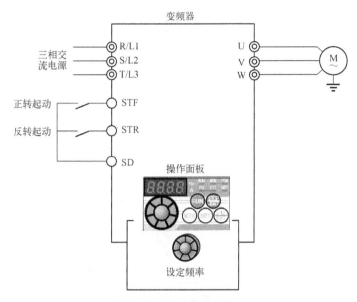

图 1-65　组合运行接线一

表 1-19　参数功能表

序号	变频器参数	出厂值	设定值	功　能　说　明

2. 多段速操作的参数设置

多段速操作时，先按照表 1-20 中的进行参数设定，其中 9999 值表示未选择该功能。图 1-66 为多段速参数值对应的端子组合和频率曲线。

表 1-20　多段速参数设定

参数编号	名　称	初始值	设定范围
Pr. 4	多段速设定（高速）	50 Hz	0~400 Hz
Pr. 5	多段速设定（中速）	30 Hz	0~400 Hz

（续）

参数编号	名 称	初始值	设定范围
Pr. 6	多段速设定（低速）	10 Hz	0~400 Hz
Pr. 24	多段速设定（4速）	9999	0~400 Hz、9999
Pr. 25	多段速设定（5速）	9999	0~400 Hz、9999
Pr. 26	多段速设定（6速）	9999	0~400 Hz、9999
Pr. 27	多段速设定（7速）	9999	0~400 Hz、9999

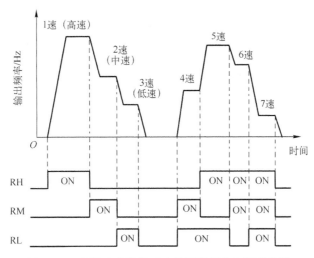

图 1-66　多段速参数值对应的端子组合和频率曲线

3. 实训总结

填写表 1-21，总结出变频器的多段速运行规律。

表 1-21　多段速运行

RH 状态	OFF	OFF	OFF	ON	OFF	ON	ON	ON
RM 状态	OFF	OFF	ON	OFF	ON	OFF	ON	ON
RL 状态	OFF	ON	OFF	OFF	ON	ON	OFF	ON
设定频率								
对应 Pr. 值								
实际运行频率								

1.5.5 【实操任务 1-4】三菱 E700 变频器的十五段速度控制

 任务说明

实操任务 1-4

　　对三菱 E700 变频器进行合理接线来完成如下控制要求：通过外部端子控制电动机多段速度运行，开关"K2""K3""K4""K5"按不同的方式组合，可选择 15 种不同的输出频率。

实操思路

1. 电气接线

按照图 1-67 所示的变频器外部接线图完成变频器的接线，认真检查，确保正确无误。

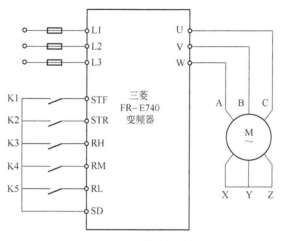

图 1-67 变频器外部接线图

2. 设置参数

闭合电源开关，按照表 1-22 的参数功能表正确设置变频器参数。

表 1-22 参数功能表

序号	变频器参数	出厂值	设定值	功 能 说 明
1	Pr. 1	120	50	上限频率（50 Hz）
2	Pr. 2	0	0	下限频率（0 Hz）
3	Pr. 7	5	5	加速时间（5 s）
4	Pr. 8	5	5	减速时间（5 s）
5	Pr. 9	0	1.0	电子过电流保护（1.0）
6	Pr. 160	9999	0	扩展功能显示选择
7	Pr. 79	0	3	操作模式选择
8	Pr. 179	61	8	8：15 速选择，STR 端子
9	Pr. 180	0	0	0：低速运行指令，RL 端子
10	Pr. 181	1	1	1：中速运行指令，RM 端子
11	Pr. 182	2	2	2：高速运行指令，RH 端子
12	Pr. 4	50	50	固定频率 1
13	Pr. 5	30	30	固定频率 2
14	Pr. 6	10	10	固定频率 3
15	Pr. 24	9999	18	固定频率 4
16	Pr. 25	9999	20	固定频率 5
17	Pr. 26	9999	23	固定频率 6

（续）

序号	变频器参数	出厂值	设定值	功 能 说 明
18	Pr. 27	9999	26	固定频率7
19	Pr. 232	9999	29	固定频率8
20	Pr. 233	9999	32	固定频率9
21	Pr. 234	9999	35	固定频率10
22	Pr. 235	9999	38	固定频率11
23	Pr. 236	9999	41	固定频率12
24	Pr. 237	9999	44	固定频率13
25	Pr. 238	9999	47	固定频率14
26	Pr. 239	9999	5	固定频率15

注：设置参数前先将变频器参数复位为工厂的默认设定值。

3. 调试过程

1）打开开关"K1"，起动变频器。

2）切换开关"K2""K3""K4""K5"的通断，观察并记录变频器的输出频率。

4. 学习总结

请根据实训结果进行表1-23的数据填写。

表1-23　十五段速的输出频率与开关组合

K5	K4	K3	K2	输 出 频 率
OFF	OFF	OFF	OFF	
ON	OFF	OFF	OFF	
OFF	ON	OFF	OFF	
OFF	OFF	ON	OFF	
ON	ON	OFF	OFF	
ON	OFF	ON	OFF	
OFF	ON	ON	OFF	
ON	ON	ON	OFF	
OFF	OFF	OFF	ON	
ON	OFF	OFF	ON	
OFF	ON	OFF	ON	
ON	ON	OFF	ON	
OFF	OFF	ON	ON	
ON	OFF	ON	ON	
OFF	ON	ON	ON	
ON	ON	ON	ON	

1.5.6 【实操任务1-5】外部模拟量方式的变频调速控制

任务说明

实操任务1-5

对三菱E700变频器进行合理接线来完成如下控制要求。

1) 通过操作面板控制电动机起动/停止。

2) 通过调节电位器改变输入电压来控制变频器的频率。

实操思路

1. 电气接线

按照图1-68所示的变频器外部接线图完成变频器的接线，认真检查，确保正确无误。

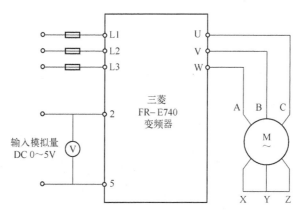

图1-68 变频器外部接线图

2. 参数设置与调试

打开电源开关，按照表1-24的参数功能表正确设置变频器参数。

表1-24 参数功能表

序号	变频器参数	出厂值	设定值	功能说明
1	Pr. 1	50	50	上限频率（50 Hz）
2	Pr. 2	0	0	下限频率（0 Hz）
3	Pr. 7	5	5	加速时间（5 s）
4	Pr. 8	5	5	减速时间（5 s）
5	Pr. 9	0	0.35	电子过电流保护（0.35 A）
6	Pr. 160	9999	0	扩展功能显示选择
7	Pr. 79	0	4	操作模式选择
8	Pr. 73	1	1	0~5 V 输入

1) 按下操作面板按钮"RUN"，起动变频器。

2) 调节输入电压，观察并记录电动机的运转情况。

3) 按下操作面板按钮"STOP/RESET"，停止变频器。

1.5.7 【实操任务1-6】三菱E700变频器的模拟量输入跳线的设置

任务说明

实操任务1-6

对三菱E700变频器的模拟量端子进行输入跳线的设置。

实操思路

1. 了解端子2和4的区别

表1-25中，模拟量电压输入所使用的端子2可以选择0~5 V（初始值）或0~10 V。而模拟量输入所使用的端子4可以选择电压输入（0~5 V、0~10 V）或电流输入（4~20 mA初始值）。变更输入规格时，请变更Pr. 267和电压/电流输入切换开关。

表1-25 模拟量端口2和4的设定范围

参数编号	名 称	初始值	设定范围	电压/电流输入切换开关	输入信号类型	可逆运行
Pr. 73	模拟量输入选择	1	0	无	端子2输入0~10 V	无
			1	无	端子2输入0~5 V	
			10	无	端子2输入0~10 V	有
			11	无	端子2输入0~5 V	
Pr. 267	端子4输入选择	0	0	(V/I 跳线图)	端子4输入4~20 mA	跟Pr. 73相关
			1	(V/I 跳线图)	端子4输入0~5 V	
			2		端子4输入0~10 V	

2. 如图1-69所示设置V/I跳线

端子4的额定规格随电压/电流输入切换开关的设定而变更。电压输入时：输入电阻 $10 k\Omega \pm 1 k\Omega$、最大容许电压 DC 20 V；电流输入时：输入电阻 $233 \Omega \pm 5 \Omega$、最大容许电流 30 mA。

3. 学习总结

请正确设定Pr. 267和电压/电流输入切换开关，并输入与设定相符的模拟量信号。要使端子4有效，请将AU信号设置为ON。

需要注意在Pr. 73参数设定为可逆运行后，没有模拟量输入时（仅输入起动信号）会以反转运行。设定为可逆运行后，在初始状态下端子4也为可逆运行（0~4 mA：反转；4~20 mA：正转）。

在E700变频器中的端子4接线时，经常会出现故障信号"E. AIE"，此时"E. AIE"意味着变频器模拟输入异常，即端子4设定为电流输入，却在该端子上输入了30 mA以上的电流或有超过7.5 V的电压信号输入。处理方法：需要确认Pr. 267端子4选择为合适值。如果为电压输入，则必须将V/I跳线设置为V侧（即电压侧）。

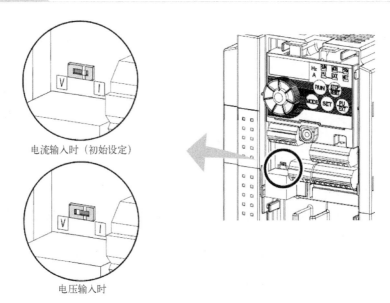

图 1-69　电压/电流输入切换开关

1.5.8 【实操任务 1-7】三菱 E700 变频器 U/f 曲线设定及测定

任务说明

实操任务 1-7

对三菱 E700 变频器进行基本 U/f 曲线的选择与测定。

实操思路

1. 恢复出厂设定值，查阅 E700 变频器的功能参数码表，按下列要求完成功能参数码的设定：频率指令由键盘旋钮设定；上限频率设为 65 Hz；下限频率设为 0 Hz；显示频率；显示输出电压。

其中设置上限和下限的频率指令的参数见表 1-26。

表 1-26　上限与下限频率参数含义

参数编号	名　称	初始值/Hz	设定范围/Hz	内　容
Pr.1	上限频率	120	0~120	设定输出频率的上限
Pr.2	下限频率	0	0~120	设定输出频率的下限

2. 万用表实测电压，并读出此时的 PU 显示电压。

选择一种指针式万用表或者带滤波功能的智能数字万用表，按照图 1-70 所示的方式测量变频器输出电压。

给出运行指令，调节键盘旋钮，逐渐升高运行频率，测出在不同的输出频率 f 值下的万用表实测电压与 PU 显示电压，填入以下基本 U/f 曲线测定表一（表 1-27）。

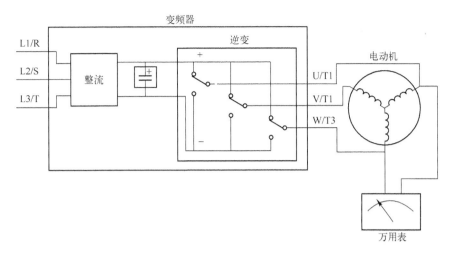

图 1-70 用万用表测量变频器输出电压

表 1-27 基本 U/f 曲线测定表一

f/Hz Pr. 0 U/V	2.5	5	10	15	20	25	30	35	40	45	50	55
万用表实测/V												
PU 显示/V												

3. 不同转矩提升值时的输出电压值。

给出运行指令，调节键盘旋钮，逐渐升高运行频率，测出 Pr.0（转矩提升）设定值不同时的输出电压 U 与对应的输出频率 f 的值，填入以下基本 U/f 曲线测定表二（表 1-28）。图 1-71 所示为 Pr.0 转矩提升变化的示意。

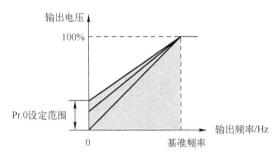

图 1-71 Pr. 0 转矩提升变化

表 1-28 基本 U/f 曲线测定表二

f/Hz Pr. 0 U/V	2.5	5	10	15	20	25	30	35	40	45	50	55
0												
1												
4												
6												

4. 对以上的数据进行分析和作图，并提出自己的问题。

思考与练习

1.1 选择题

（1）基频以下变频调速属于（　　）调速。

A. 恒功率　　　　B. 恒转矩　　　　C. 变压　　　　D. 变转矩

（2）PWM 控制方式的含义是（　　）

A. 脉冲幅值调制方式　　　　　　B. 按电压大小调制方式

C. 脉冲宽度调制方式　　　　　　D. 按电流大小调制方式

（3）对异步电动机进行调速控制时，希望电动机的主磁通（　　）

A. 弱一些　　　　　　　　　　　B. 强一些

C. 保持额定值不变　　　　　　　D. 可强可弱，不影响

（4）变频器驱动恒转矩负载时，对于 U/f 控制方式的变频器而言，应有低速下的（　　）提升功能。

A. 电流　　　　　B. 功率　　　　C. 转速　　　　D. 转矩

（5）正弦波脉冲宽度调制英文缩写是（　　）。

A. PWM　　　　B. PAM　　　　C. SPWM　　　　D. SPAM

1.2 变频器常见的频率指令主要有：_____给定、_____给定、_____给定、_____给定和_____给定等。

1.3 变频器的起动指令有_____、_____和_____三种。

1.4 判断下列说法正误，在后面的括号中用 T 表明正确，用 F 表明错误：

1）普通三相感应电动机具有开放的磁通。　　　　　　　　　　　　（　　）

2）三相变频器在输出频率为 5 Hz 时，其输出电压为 380 V。　　　（　　）

3）当电动势值较高时，可以忽略定子电阻和漏磁感抗压降。　　　（　　）

4）变频器频率给定选择操作面板时，精度较低。　　　　　　　　（　　）

5）模拟量输入信号包括 0～100 V 输入电压。　　　　　　　　　（　　）

6）变频器运行工况可以选择频率与模拟量给定成反比例关系。　　（　　）

7）正反转死区时间可以设置一个等待时间。　　　　　　　　　　（　　）

8）变频器的主电路输入端子可以接三相四线制。　　　　　　　　（　　）

9）为提高变频器输入功率因数可以在"P1"和"+"之间增加交流电抗器。（　　）

10）在变频器安装和配线时，可以断电后直接操作。　　　　　　　（　　）

1.5 有一车床用三菱 E700 变频器控制主轴电动机转动，要求用操作面板进行频率和运行控制。已知电动机功率为 2.2 kW，转速范围 200～1450 r/min，请设定功能参数。

1.6 请进行如下技能训练

1）将三菱 E700 变频器设定在 30 Hz 状态下运行。

2）将频率斜坡下降时间改为 10 s。

1.7 简述在何种情况下变频器输入侧可以设置交流接触器。

1.8 变频器的集电极开路输出如何外接直流继电器？

1.9 如图 1-72 所示，请对 E700 进行接线，并设置参数实现如下四种模式。

a）频率指令为外部电位器，起动指令为外部开关信号。

b）频率指令为操作面板，起动指令为操作面板。

c）频率指令为操作面板，起动指令为外部开关信号。

d）频率指令为外部电位器，起动指令为操作面板。

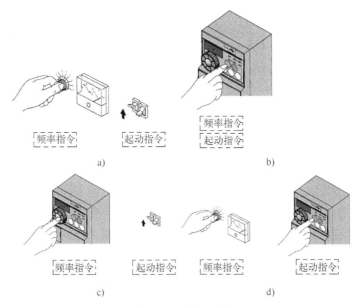

图 1-72 题 1.9 图

📖 阅读材料——制造强国战略的电力电子产品与技术

电力电子作为现代能源变换的核心部件和关键技术，在传统产业转型升级、节能与新能源、国防安全以及国计民生各个方面均发挥着不可替代的作用。在我国制造强国战略涉及的"重点领域技术路线图"中，电力电子的内容主要体现在先进轨道交通装备和新材料两部分，具体包括以下几点：一是重点突破硅基 IGBT、MOSFET 等先进的功率半导体器件芯片的技术瓶颈，推进国产硅基器件的应用和产业发展；推进碳化硅（SiC）、氮化镓（GaN）等下一代功率半导体器件的研发和产业化；二是完成碳化硅电力电子器件的研发与应用，推进馈能式双向变流技术的应用，推广永磁电机驱动技术与无齿轮直驱技术；三是重点发展先进半导体材料，可生产大尺寸、高质量第三代半导体单晶衬底的国产化装备，并在高压电网、高速轨道交通、消费类电子产品、新能源汽车、新一代通用电源等领域的应用。

第2章

变频器的负载特性与应用

生产机械的种类繁多，性能和工艺要求各异，其转矩特性不同，因此构建变频调速系统前首先要熟悉电动机所带负载的性质，即负载特性，然后再选择变频器和电动机。典型的负载有三种类型：恒转矩负载、平方降转矩负载和恒功率负载。不同的负载类型，应选不同类型的变频器。在变频器适应负载特性中，PID 控制就是通过改变输出频率，迅速、准确地消除传动系统的偏差，恢复到给定值，适用于压力、温度及流量控制等。

2.1 变频调速系统的基本特性

2.1.1 机械特性曲线

变频调速系统一般都是针对电动机传动而言，主要是由变频器、电动机和机械负载装置组成的机电系统。电动机传动的任务就是使电动机实现由电能向机械能的转换，完成工作机械起动、运转、调速及制动工艺作业的要求。

简而言之，变频调速系统也就是由电动机带动机械设备以可以自由调节的速度进行旋转的运行系统。在该系统中，必须了解电动机的机械特性，同时也需要了解负载设备的机械特性以及运行的工艺特性，才能进行合理的变频调速配置，最终确保机械设备的正常工作。

如图 2-1 所示，机械特性是描述电动机转速 n 与转矩 T 之间的关系，即函数的 $n=f(T)$ 特性。其中，起动转矩为电动机在额定电压、频率作用下，在起动瞬间所输出的转矩，起动时如静态负载大于起动负载，则电动机无法运转；最大转矩为电动机在额定电压、频率下产生的最大输出转矩，负载转矩如超出最大转矩，电动机将被堵转；额定负载转矩即电动机在额定电压、频率、额定转速时所输出的转矩。

在变频调速系统中，有两种机械特性，即电动机的机械特性和机械设备（或负载设备）的机械特性。以异步电动机为例，电动机内产生转矩的根本原因就是电流和磁场间相互作用的结果，即电磁转矩。电磁转矩的大小与电流和磁通量的乘积成正比：

$$T_m = R_T I_1 \Phi_m \cos\theta_2 \tag{2-1}$$

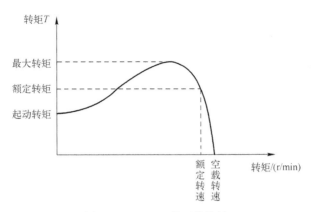

图 2-1 $n=f(T)$ 的函数特性

式中，R_T 为转矩常数；I_1 为定子电流；Φ_m 为每极的磁通量；θ_2 为转子电流的功率因数。

根据该公式，可以作出图 2-2 中的机械特性曲线 1。

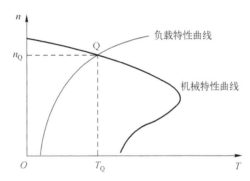

图 2-2 电动机传动系统的机械特性

但是，作为传动机械设备的原动转矩，应该是电动机轴上的输出转矩，是由电磁转矩克服了电动机内部的摩擦损耗和通风损耗的结果。但由于摩擦损耗和通风损耗都很小，为了简化分析的过程，常粗略地把异步电动机机械特性中的转矩看作是电动机轴上的输出转矩。

负载的机械特性是描述机械设备的阻转矩和转速之间的关系曲线。如鼓风机的阻转矩 T_L 与转速 n_L 的平方成正比：

$$T_L = T_0 + K_T n_L^2 \qquad (2-2)$$

式中，T_0 为转矩损耗，主要由传动机构及轴承等的摩擦损耗所致；K_T 为常数。

由上式得到的负载特性如图 2-2 中的曲线 2 所示。通常，为了简化分析的过程，常粗略地将损耗转矩也计算在负载转矩中。

因此，机械特性中的电动机转矩 T_m 可以看作是电动机输出轴的转矩；负载转矩 T_L 可以看作是负载阻转矩和损耗转矩之和。

电动机传动系统的工作状态必须由电动机的机械特性和负载的机械特性共同决定，也就是当动转矩（即电动机的转矩）与阻转矩（即负载的转矩）刚刚平衡的时候，电动机就处于稳定运行状态。具体地说，图 2-2 中的曲线 1 和曲线 2 处于交点 Q 时，电动机和负载的转矩处于平衡状态，这时的稳定运行速度为 n_Q，传动系统的功率 P_Q 则由下式进行计算：

$$P_Q = T_Q n_Q / 9550 \qquad (2-3)$$

式中，如 T_Q 的单位为 N·m，n_Q 的单位为 r/min，则 P_Q 的单位为 kW。

Q 点称为电动机传动的工作点，也是变频调速系统的工作点。

2.1.2 负载的机械特性分类

负载的机械特性
分类

正确地把握变频器驱动的机械负载对象的机械特性（即转速-转矩特性）是选择电动机及变频器容量、决定其控制方式的基础。机械负载种类繁多、包罗万象，但归纳起来，主要有以下三种：恒转矩负载、平方降转矩负载和恒功率负载。

1. 恒转矩负载

对于传送带、搅拌机（如图 2-3 所示）及挤出机等摩擦负载，以及行车、升降机等势能负载，无论其速度变化与否，负载所需要的转矩基本上是一个恒定的数值，此类负载就称为恒转矩负载，其特性如图 2-4a 所示。

图 2-3 搅拌机

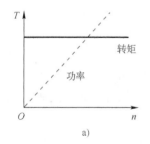
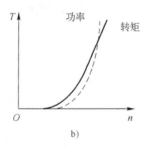
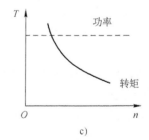

图 2-4 转速-转矩特性

a）恒转矩负载　b）平方降转矩负载　c）恒功率负载

例如，行车或吊机所吊起的重物，其重量在地球引力的作用下产生的重力是永远不变的，所以无论升降速度大小，在近似匀速运行条件下，即为恒转矩负载。由于功率与转矩、转速两者之积成正比，所以机械设备所需要的功率与转矩、转速成正比。电动机的功率应与最高转速下的负载功率相适应。

2. 平方降转矩负载

离心风机和离心泵（如图2-5所示）等流体机械，在低速时由于流体的流速低，所以负载只需很小的转矩。随着电动机转速的增加，而气体或液体的流速加快，所需要的转矩大小以转速平方的比例增加或减少，这样的负载称为平方降转矩负载，其特性如图2-4b所示。

在这种方式下，因为负载所消耗的能量正比于转速的三次方，所以通过变频器控制流体机械的转速，与以往那种单纯依靠风门挡板或截流阀来调节流量的定速风机或定速泵相比，可以大大节省浪费在挡板、管壁上的能源，从而起到节能的显著作用。

图 2-5　离心泵

3. 恒功率负载

机床的主轴驱动（如图2-6所示）、造纸机或塑料片材的中心卷取部分、卷扬机等输出功率为恒值，与转速无关，这样的负载特性称为恒功率负载，其特性如图2-4c所示。

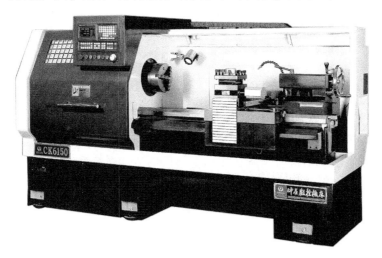

图 2-6　机床主轴驱动

2.1.3　负载的运行工艺分类

由于不同的工艺要求对机械设备也提出了不同的工作状态和控制模式的要求，归纳起来主要有以下几种。

1. 连续恒定负载

连续恒定负载是指负载在足够长的时间里连续运行，并且在运行期间，转矩基本不变。所谓"足够长的时间"是指这段时间内，电动机的温升将足以达到稳定值。典型例子就是恒速运行的风机。

2. 连续变动负载

连续变动负载是指负载也是在足够长的时间里连续运行的，但在运行期间，转矩是经常变动的。车床在车削工件时的工况以及塑料挤出机的主传动（如图2-7所示）就是这种负载的典型案例。这类负载除了满足温升大的要求外，还必须注意负载对过载能力的要求。

3. 断续负载

断续负载是指负载时而运行，时而停止。在运行期间，温升不足以达到稳定值；在停止期间，温升也不足以降至零。起重机械如行车（如图2-8所示）、电梯等都属于这类负载。这类负载常常是允许电动机短时间过载的，因此，在满足温升要求的同时，还必须有足够的过载能力。有时，过载能力可能是更主要的方面。

图2-7 塑料挤出机负载

图2-8 行车

4. 短时负载

负载每次运行的时间很短，在运行期间，温升达不到稳定值；而每两次运行之间的间隔时间很长，足以使电动机的温升下降至零。水闸门的传动系统属于这类负载。对于这类负载，电动机只要有足够的过载能力即可。

5. 冲击负载

加有冲击的负载叫冲击负载。例如，轧钢机的钢锭压入瞬间产生的冲击负载、冲压机冲压瞬间产生的冲击负载等最具代表性。对于这类机械，冲击负载的产生事先可以预测，容易处理。

当然，也有一些不可测现象产生的冲击负载，如处理含有粉尘、粉体空气的风机，当管道中长期堆积的粉体硬块落入叶片上时，就是一种冲击负载。

冲击负载会引起两个问题：①过电流跳闸；②速度的过度变动。

对于冲击负载，国内通常都使用YH系列高转差率三相异步电动机，它是Y系列电动机的派生系列，具有堵转转矩大、堵转电流小、转差率高和机械特性软等特点，尤其适用于不均匀冲击负载以及正、反转次数多的工作场合，如锤击机、剪刀机、冲压机（如图2-9所示）和锻冶机等机械设备。

图2-9 冲压机

---

6. 脉动转矩负载

在往复式压缩机中利用曲轴将电动机的旋转运动转换成往返运动，转矩随着曲轴的角度而变动。在这种情况下，电动机的电流随着负载的变化而产生较大的脉动。如图 2-10 所示，这类负载是一种周期性的曲轴类负载，它必须考虑到飞轮惯量 GD^2，因为一旦采用加大飞轮的方法来平滑脉动转矩时，加减速时间就会随之增加，否则减速时的回馈能量就会变大。

7. 负负载

当负载要求电动机产生的转矩与电动机转动方向相反时，此类负载就是负负载。负负载的类型通常有以下两种。

（1）由于速度控制需要而在四象限运行的机械设备

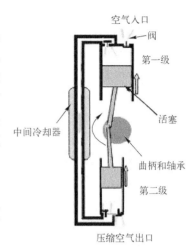

图 2-10　往复式压缩机工作示意

如起重机下放重物运转时，电动机向着被负载牵引的方向旋转，此时电动机产生的转矩是阻碍重物下放的，即与旋转方向相反。这类负载包括行车、吊机、电梯等升降机械和倾斜下坡的带式输送机。

（2）由于转矩控制需要而在四象限运行的机械设备

在卷取片材状物料进行加工作业时，为了给加工物施加张力而设置的卷送转送装置就是负负载。这里使用的电动机速度取决于其对应的卷取机和原动机的运转速度，而电动机只被要求用来产生制动转矩。这类负载包括造纸用的放卷和收卷设备、轧钢用的夹送辊、纺织用的卷染机等。

8. 大起动转矩负载

类似搅拌机、挤出机及金属加工机床等在起动初期必须克服很大的摩擦力才能起动，因此很多情况下都被当作重载使用。

9. 大惯性负载

离心分离机等负载惯性大，不仅起动费力，而且停车也要费时。

2.1.4　变频器的容量选择

变频器的容量直接关系到变频调速系统的运行可靠性，因此，合理的容量将保证最优的投资。变频器的容量选择在实际操作中存在很多误区，这里给出了三种基本的容量选择方法，它们之间互为补充。

1. 从电流的角度

大多数变频器容量可从三个角度表述：额定电流、可用电动机功率和额定容量。其中后两项。一般由本国或本公司生产的标准电动机给出，或随变频器输出电压而降低，都很难确切表达变频器的能力。

选择变频器时，只有变频器的额定电流是一个反映半导体变频装置负载能力的关键量。负载电流不超过变频器额定电流是选择变频器容量的基本原则。需要着重指出的是，确定变频器容量前应仔细了解设备的工艺情况及电动机参数，例如潜水电泵、绕线转子电动机的额定电流要大于普通笼型异步电动机额定电流，冶金工业常用的辊道用电动机不仅额定电流大很多，同时它允许短时处于堵转工作状态，且辊道传动大多是多电动机传动。应保证在无故障状态下负载总电流均不允许超过变频器的额定电流。

2. 从效率的角度

系统效率等于变频器效率与电动机效率的乘积，只有两者都处在较高的效率下工作时，系统效率才较高。从效率角度出发，在选用变频器功率时，要注意以下几点。

1）变频器功率值与电动机功率值相当时最合适，以利于变频器在高的效率值下运转。

2）在变频器的功率分级与电动机功率分级不相同时，变频器的功率要尽可能接近电动机的功率，但应略大于电动机的功率。

3）当电动机属频繁起动、制动工作或处于重载起动且较频繁工作时，可选取大一级的变频器，以利于变频器长期、安全地运行。

4）经测试，电动机实际功率确实有富余时，可以考虑选用功率小于电动机功率的变频器，但要注意瞬时峰值电流是否会造成过电流保护动作。

5）当变频器与电动机功率不相同时，则必须相应调整节能程序的设置，以利于达到较高的节能效果。

变频器负载率 β 与效率 η 的关系曲线如图 2-11 所示。

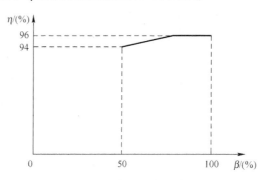

图 2-11　负载率与效率的关系曲线

可见：当 $\beta=50\%$ 时，$\eta=94\%$；当 $\beta=100\%$ 时，$\eta=96\%$。虽然 β 增一倍，η 变化仅 2%，但对中大功率（如几百千瓦至几千千瓦）电动机而言亦是可观的。

3. 从计算功率的角度

对于连续运转的变频器必须同时满足以下 3 个计算公式。

1）满足负载输出：

$$P_{CN} \geq P_M / \eta \tag{2-4}$$

2）满足电动机容量：

$$P_{CN} \geq 1.732 \times k \times U_e \times I_e \times 10^{-3} \tag{2-5}$$

3）满足电动机电流：

$$I_{CN} \geq k \times I_e \tag{2-6}$$

式中，P_{CN} 为变频器容量（kV·A）；P_M 为负载要求的电动机轴输出功率（kW）；U_e 为电动机额定电压（V）；I_e 为电动机额定电流（A）；η 为电动机效率（通常约为 0.85）；$\cos\phi$ 为电动机功率因数（通常约为 0.75）；k 是电流波形补偿系数（由于变频器的输出波形并不是完全的正弦波，而含有高次谐波的成分，其电流应有所增加，通常 k 为 1.05~1.1）。

如图 2-12 所示为一台变频器接着 n 个电动机，这时候可以采用式（2-6）来计算变频器的容量，并选取 k 为 1.1 左右。

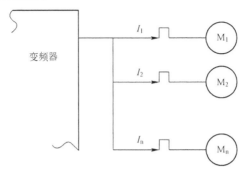

图 2-12　变频器驱动多台电动机

2.2　变频器的起动制动方式与适应负载能力

2.2.1　变频器的起动制动

变频器的起动
制动

变频器的起动制动方式是指变频器从停机状态到运行状态的起动方式、从运行状态到停机状态的制动方式以及从某一运行频率到另一运行频率的加速或减速方式。

1. 起动运行方式

变频器从停机状态开始起动运行时通常有以下几种方式。

（1）从起动频率起动

变频器接到运行指令后，按照预先设定的起动频率和起动频率保持时间起动。该方式适用于一般的负载。

起动频率是指变频器起动时的初始频率，如图 2-13 所示的 f_s，它不受变频器下限频率的限制；起动频率保持时间是指变频器在起动过程中，在起动频率下保持运行的时间，如图中的 t_1。

电动机开始起动时，并不从 0 Hz 开始加速，而是直接从某一频率下开始加速。在开始加速瞬间，变频器的

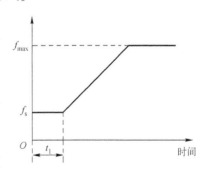

图 2-13　起动频率与起动时间示意

输出频率便是上述所说的起动频率。设置起动频率是部分生产设备的实际需要，有些负载在静止状态下的静摩擦力较大，难以从 0 Hz 开始起动，设置了起动频率后，可以在起动瞬间有一点冲力，使传动系统较易起动起来。比如在若干台水泵同时供水的系统里，由于管里已经存在一定的水压，后起动的水泵在频率很低的情况下将难以旋转起来，故需要电动机在一定频率下直接起动；锥形电动机如果从 0 Hz 开始逐渐升速，将导致定子和转子之间的摩擦，所以若设置了起动频率，就可以在起动时很快建立起足够的磁通，使转子和定子间保持一定的气隙。

起动频率保持时间的设置对于下面几种情况比较适合。

1）对于惯性较大的负载，起动后先在较低频率下持续一个短时间 t_1，然后再加速运行

到稳定频率。

2）齿轮箱的齿轮之间总是有间隙的，起动时容易在齿轮间发生撞击，如在较低频率下持续一个短时间 t_1，可以减缓齿轮间的碰撞。

3）起重机械在起吊重物前，吊钩的钢丝绳通常是处于松弛的状态，起动频率保持时间 t_1 可首先使钢丝绳拉紧后再上升。

4）有些机械在环境温度较低的情况下，润滑油容易凝固，故要求先在低速下运行一个短时间 t_1，使润滑油稀释后再加速。

5）对于附有机械制动装置的电磁制动电动机，在磁抱闸松开过程中，为了减小闸皮和闸辊之间的摩擦，要求先在低速下运行，待磁抱闸完全松开后再升速。

从起动频率起动对于驱动同步电动机尤其适合。

（2）先制动再起动

本起动方式是指先对电动机实施直流制动，然后再按照方式（1）进行起动。该方式适用于变频器停机状态时电动机有正转或反转现象的小惯性负载，对于高速运转的大惯性负载则不适合。

如图 2-14 所示为先制动再起动的功能示意图，起动前先在电动机的定子绕组内通入直流电流，以保证电动机在零速的状态下开始起动。如果电动机在起动前，传动系统的转速不为零，而变频器的输出是从 0 Hz 开始上升，则在起动瞬间，将引起电动机的过电流故障。

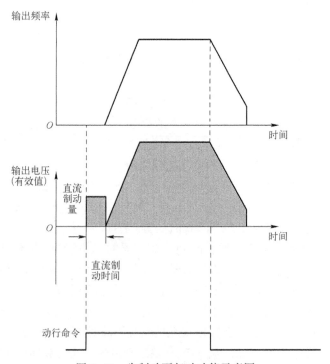

图 2-14　先制动再起动功能示意图

先制动再起动方式包含两个参数：制动量和直流制动时间，前者表示应向定子绕组施加多大的直流电压，后者表示进行直流制动的时间。

（3）转速跟踪再起动

在这种方式下，变频器能自动跟踪电动机的转速和方向，对旋转中的电动机实施平滑无冲击起动，因此变频器的起动有一个相对缓慢的时间用于检测电动机的转速和方向，如图 2-15 所示。该方式适用于变频器停机状态时电动机有正转或反转现象的大惯性负载瞬时停电再起动。

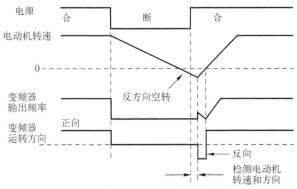

图 2-15　转速跟踪再起动功能示意图

2. 加减速方式

变频器从一个速度过渡到另外一个速度的过程称为加减速，如果速度上升为加速，则速度下降为减速。加减速方式主要有以下几种。

（1）直线加减速方式

变频器的输出频率按照恒定斜率递增或递减。变频器的输出频率随时间成正比地上升，大多数负载都可以选用直线加减速方式。如图 2-16a 所示。加速时间为 t_1、减速时间为 t_2。

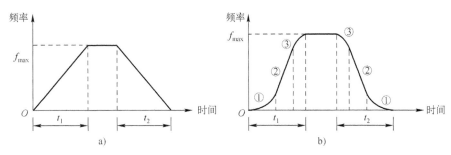

图 2-16　加减速方式

a）直线加减速　b）S 形曲线加减速

一般定义加速时间为变频器从零速加速到最大输出频率所需的时间，减速时间则相反，为变频器从最大输出频率减至零所需的时间。

必须注意的有以下几点。

1）在有些变频器定义中，加减速时间不是以最大输出频率 f_{max} 为基准，而是以固定的频率（如 50 Hz）。

2）加减速时间的单位可以根据不同的变频器型号选择为秒或分。

3）一般大功率的变频器其加减速时间相对较长。

4）加减速时间必须根据负载要求适时调整，否则容易引起加速过电流和过电压、减速过电流和过电压故障。

（2）S曲线加减速方式

变频器的输出频率按照S形曲线递增或递减，如图2-16b所示。将S曲线划分为3个阶段的时间，S曲线起始段时间如图2-16b中①所示，这里输出频率变化的斜率从零逐渐递增；S曲线上升段时间如图2-16b中②所示，这里输出频率变化的斜率恒定；S曲线上升段结束时间如图2-16b中③所示，这里输出频率变化的斜率逐渐递减到零。将每个阶段时间按百分比分配，就可以得到一条完整的S形曲线。因此，只需要知道三个时间段中的任意两个，就可以得到完整的S曲线，因此在某些变频器只定义了起始段①和上升段②，而有些变频器则定义两头，即起始段①和结束段③。

S曲线加减速方式非常适合于输送易碎物品的传送机、电梯、搬运传递负载的传送带以及其他需要平稳改变速度的场合。例如，电梯在开始起动以及转入等速运行时，从考虑乘客的舒适度出发，应减缓速度的变化，以采用S形加速方式为宜。

（3）半S形加减速方式

它是S曲线加减速的衍生方式，即S曲线加减速在加速的起始段或结束段，按线性方式加速；而在结束段③或起始段①，按S形方式加速。因此，半S形加减速方式要么只有①，要么只有③，其余均为线性。后者主要用于如风机一类具有较大惯性的二次方律负载中，由于低速时负载较轻，故可按线性方式加速，以缩短加速过程；高速时负载较重，加速过程应减缓，以减小加速电流；前者主要用于惯性较大的负载。

（4）其他还有如倒L形加减速方式、U形加减速方式等

3. 加减速时间的切换

通过多功能输入端子的组合来实现不同加减速时间的选择（共计4种）。将多功能输入端子DI3、DI4定义为加减速时间端子1、加减速时间端子2，就能按照表2-1中的逻辑组合实现4种不同加减速时间的切换，其外部接线图如图2-17所示。

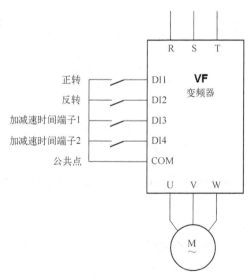

图2-17　加减速时间的切换外部接线图

表 2-1 加减速时间的切换逻辑组合

多功能输入端子 DI4	多功能输入端子 DI3	运转指令方式
OFF	OFF	加速时间 1/减速时间 1
OFF	ON	加速时间 2/减速时间 2
ON	OFF	加速时间 3/减速时间 3
ON	ON	加速时间 4/减速时间 4

4. 加减速时间的衔接功能

生产实践中，有时会遇到这样的情况：在传动系统正在加速的过程中，又得到减速或停机的指令。这时，就出现了加速过程和减速过程的衔接问题。变频器对于在加速过程尚未结束的情况下，得到停机指令时减速方式的处理如图 2-18 所示。

图 2-18 是加、减速曲线。曲线①是在运行指令时间较长情况下的 S 形加速曲线；曲线②和曲线③是在加速过程尚未完成，而运行指令已经结束时的减速曲线。用户可根据生产机械的具体情况进行选择。

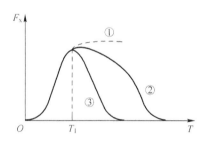

图 2-18 加减速的衔接功能

5. 加减速时间的最小极限功能

某些生产机械，出于特殊的需要，要求加减速时间越短越好。对此，有的变频器设置了加减速时间的最小极限功能。其基本含义如下。

1）最快加速方式。在加速过程中，使加速电流保持在变频器允许的极限状态（$I_A \leqslant 150\%I_N$，I_A 是加速电流，I_N 是变频器的额定电流）下，从而使加速过程最小化。

2）最快减速方式。在减速过程中，使直流回路的电压保持在变频器允许的极限状态（$U_D \leqslant 95\%U_{DH}$，U_D 是减速过程中的直流电压，U_{DH} 是直流电压的上限值）下，从而使减速过程最小化。

3）最优加速方式。在加速过程中，使加速电流保持在变频器额定电流的 120%（$I_A \leqslant 120\%I_N$），使加速过程最优化。

4）最优减速方式。在减速过程中，使直流回路的电压保持在上限值的 93%（$U_D \leqslant 93\%U_{DH}$），使减速过程最优化。

其中 3）和 4）统称为自动加减速方式，它能根据负载状况，保持变频器的输出电流在自动限流水平之下，或输出电压在自动限压水平之下，从而平稳地完成加减速过程。

6. 停机方式

变频器接收到停机命令后从运行状态转入停机状态，通常有以下几种方式。

（1）减速停机

变频器接到停机命令后，按照减速时间逐步减少输出频率，频率降为零后停机。该方式适用于大部分负载的停机。

（2）自由停机

变频器接到停机命令后，立即中止输出，负载按照机械惯性自由停止。变频器通过停止输出来停机，这时，电动机的电源被切断，传动系统处于自由制动状态。由于停机时间的长短由传动系统的惯性决定，故也称为惯性停机。

（3）带时间限制的自由停机

变频器接到停机命令后，切断变频器输出，负载自由滑行停止。这时，在运行待机时间 T 内可忽略运行指令。运行待机时间 T 由停机指令输入时的输出频率和减速时间决定。

（4）减速停机加上直流制动

变频器接到停机命令后，按照减速时间逐步降低输出频率，当频率降至停机制动起始频率时，开始直流制动至完全停机。如图 2-19 所示。

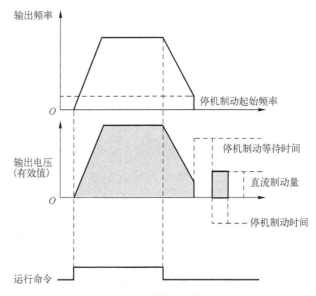

图 2-19　减速停车加直流制动

直流制动是在电动机定子中通入直流电流，以产生制动转矩。因为电动机停机后会产生一定的堵转转矩，所以直流制动可在一定程度上替代机械制动。但由于设备及电动机自身的机械能只能消耗在电动机内，同时直流电流也通入电动机定子中，所以使用直流制动时，电动机温度会迅速升高，因而要避免长期、频繁使用直流制动。直流制动是不控制电动机速度的，所以停机时间不受控。停机时间根据负载、转动惯量等的不同而不同。直流制动的制动转矩是很难实际计算出来的，因此使用同步电动机时，不能使用直流制动。

直流制动强度即在定子绕组上施加直流电压或直流电流的大小，它决定了直流制动的强度。

直流制动时间即施加直流制动的时间长短。预置直流制动时间的主要依据是负载是否有"爬行"现象，以及对克服"爬行"的要求，要求越高者，该时间应适当长一些。

2.2.2 变频器的适应负载方式

变频器驱动负载的效果必须符合用户的要求和环境的需要，但是由于负载的多样性和环境的千变万化，变频器还必须设置相应的参数来保证变频器能适应这些负载的要求。比如要求风机水泵类负载能够在长期运行中自动节能运行，要求电动机静音运行以满足楼宇控制的需要，要求消除电动机或者机械设备之间的共振现象等。

1. 自动转差补偿功能

电动机负载转矩的变化将影响到电动机运行转差，导致电动机速度变化。通过转差补偿，根据电动机负载转矩自动调整变频器的输出频率，可减小电动机随负载变化而引起的转速变化，如图 2-20 所示。

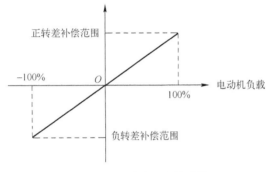

图 2-20 自动转差补偿功能

转差补偿功能参数的设置主要有以下原则。

1) 当电动机处于发电状态时，即实际转速高于给定速度时，应逐步提高补偿增益。

2) 当电动机处于电动状态时，即实际转速低于给定转速时，应逐步提高补偿增益。

3) 转差补偿的调节范围为转差补偿限定值与额定转差值的乘积。

4) 自动转差补偿量的大小与电动机的额定转差相关，应正确设定电动机的额定转差值。

这里给出了电动机额定转差频率的计算公式：

额定转差频率＝电动机额定频率×(电动机同步转速-电动机额定转速)÷电动机同步转速

式中，电动机同步转速＝电动机额定频率×120÷电动机极数。

2. 载波频率的调整

变频器输出为电压脉冲波，其信号调制是脉宽调制，而且脉冲的上升沿和下降沿都是由正弦波和三角波的交点所决定的。在这里，正弦波称为调制波，三角波称为载波，三角波的频率就是载波频率。

在 PWM 电压脉冲波序列的作用下，电流波形是脉动的，脉动频率与载波频率一致，脉动电流将使电动机铁心的硅钢片之间产生电磁力并引起振动，产生电磁噪声。改变载波频率时，电磁噪声的音调也将发生变化，所以，一些变频器对于调节载波频率的功能称为"音调调节功能"。

载波频率越高，因线路相互之间以及线路与地之间分布电容的容抗越小，所以由高频脉冲电压引起的漏电流越大。

载波频率对其他设备的干扰主要是由于高频电压和高频电流引起的。载波频率越高，则高频电压通过静电感应对其他设备的干扰也就越严重。高频电流产生的高频磁场将通过电磁感应对其他设备的控制线路产生干扰。高频电磁场具有强大的辐射能量，使通信设备等易产生扰动信号。

因此，可以总结出以下载波频率特性，见表 2-2。

表 2-2　载波频率特性

载 波 频 率	降　低	升　高
电动机噪声	↑	↓
漏电流	↓	↑
干扰	↓	↑

在上述三个因素中，电动机噪声是最直接的、最明显的，尤其是在楼宇控制中，为此有些变频器还提供了"柔声载波频率"，即在变频器运行过程中，能自动地变换载波频率，使电磁噪声变成具有一定音调的较为柔和的声音。有些变频器提供了"电动机音调调节"，同样可以改变电动机运行时的音调。

如果在上述因素不对变频器造成任何影响的情况下，用户可以选择载波频率自动调整功能，此时变频器能够根据机内温度等自动调整载波频率，并在变频器实际最高工作载波频率（用户可以设定）内选择一个最优值。

3. 下垂控制

下垂控制是负转差补偿的一种，是专用于多台变频器驱动同一负载的场合，以使多台变频器达到负载的均匀分配。当多台变频器驱动同一负载时，因速度不同造成负载分配不均衡，使速度较快的变频器承受较重的负载，有了下垂控制特性后，随着负载的增加可以使电动机速度下垂变化，最终使负载均一、分散。图 2-21 是下垂控制动作后负载与输出频率的关系。

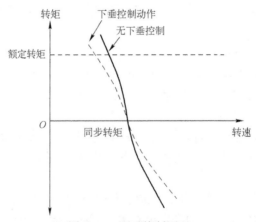

图 2-21　下垂控制原理

例如，桥式起重机的"大车"，通常在两侧各设一台容量相同的电动机，由两台电动机同时传动。在这种情况下，非但要求两台电动机的转速同步，而且要求它们的负载分配尽量均衡。解决上述问题的常用方法就是使电动机具有"下垂特性"。

假设电动机 M1 的转速偏高，为 n_1，而电动机 M2 的转速偏低，为 n_2。比较图 2-22a 和图 2-22b 可以看出：①具有下垂特性时，两台电动机所承担负载（T_1 和 T_2）之间的差异较小。②比较容易自动协调两台电动机的转速和负载分配，M1 的电磁转矩 T_1 较小，下垂特性可使其转速较快下降；M2 的电磁转矩 T_2 较大，下垂特性可使其转速较快上升。可见，下垂特性能够较容易地使两台电动机的转速趋于同步，而负载分配也趋于均衡。

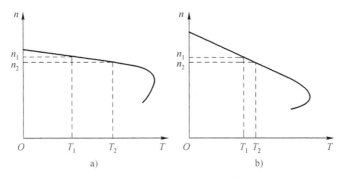

图 2-22　起重机的下垂控制

a）自然特性　b）下垂特性

还有如五台变频器驱动五台电动机的传送带（图 2-23），当某台变频器的负载较重时，该变频器就根据下垂控制功能设定的参数，自动降低输出频率，以卸掉部分负载。

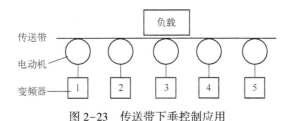

图 2-23　传送带下垂控制应用

对于下垂控制而样，用户必须设置以下参数。

（1）下垂频率变化率

由于不同机械对于下垂特性的"下垂度"的要求也往往各不相同。为了满足不同用户的不同要求，变频器可以通过设置"下垂频率变化率"，得到所要求的下垂特性曲线。

在实际调试中，可以观察由小到大逐渐调整下垂频率变化率值时的变频器输出频率与负载的关系，直到达到负载平衡为止。

（2）下垂死区

为了防止两台电动机在自动调整过程中出现转速上下波动的振荡现象，有的变频器还具有设置"死区"的功能。就是说，允许两台电动机在一个小范围内有所差异。根据负载性质的不同，变频器可以预置两种死区：①转矩死区，即允许两台电动机在相同的转速下，负载的分配不完全均衡，而存在较小的转矩差异（ΔT），如图 2-24c 所示。②转速死区，即允许两台电动机在转矩相同的情况下，它们的转速不完全一致，存在转速差异（Δn），如图 2-24d 所示。

4. 共振预防

任何设备在运转过程中，都或多或少会产生振动。每台设备又都有一个固有振荡频率，

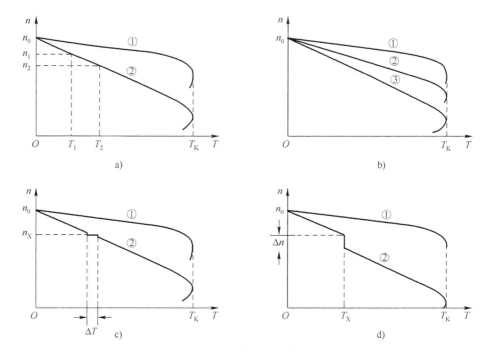

图 2-24 下垂参数设置

a) 下垂机械特性 b) 不同下垂频率变化率的机械特性 c) 具有转矩死区的特性 d) 具有转速死区的特性

它取决于设备本身的结构。由于变频器是通过改变电动机的工作频率来改变电动机转速来进行工作的,这就有可能在某一电动机转速下与负载轴系的共振点、共振频率重合,造成负载轴系因发生谐振而变得十分强烈以及不能容忍的振动,有时会造成设备停运或设备损坏,因此必须根据负载轴系(或生产设备)的共振频率,通过共振预防,来避免系统发生此类现象。

为了预防谐振和共振,变频器都设置有跳跃频率,其目的就是使电动机传动系统回避掉可能引起谐振的转速,或者说让变频器的输出频率跳过该频率区域。变频器的设定频率按照图中的方式可以在某些频率点做跳跃运行,一般可以定义三个跳跃频率及跳跃范围,如跳跃下角频率 f_1、f_2、f_3 及跳跃范围1、跳跃范围2、跳跃范围3。从图 2-25 中可以看出,对共振点的处理,变频器是采取滞回曲线的方式进行频率升降的。

对于共振预防必须引起足够的重视,尤其是在改造设备的过程中,在某些频率点出现机械共振,其原因是原来设备只是在 50 Hz 工频下运行,使用变频调速后,其频率则在 0～50 Hz 之间无级变化,因此在某些频率点上会造成机械共振。

另外,对于变频器带变压器负载的情况,也有可能造成谐振,变频器会发出异常声响,变压器因空载也会烧毁,此时变频器需要调节的参数是载波频率,而不是跳跃频率。

5. 过电压失速和自动限流

(1)过电压失速功能

变频器在减速运行过程中,由于负载惯性的影响,可能会出现电动机转速的实际下降率低于输出频率的下降率,此时电动机会回馈电能给变频器,造成变频器直流母线电压的升高,如果不采取措施,则会出现过电压跳闸。

过电压失速保护功能在变频器减速运行过程中通过检测母线电压,并与失速过电压点进

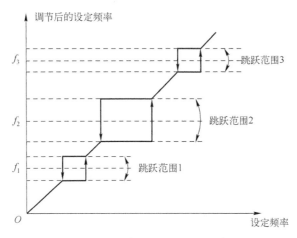

图 2-25 共振回避和跳跃频率

行比较，如果超过失速过电压点，变频器输出频率停止下降，当再次检测母线电压低于失速过电压点后，再实施减速运行。

（2）自动限流功能

自动限流功能是通过对负载电流的实时控制，自动限定其不超过设定的自动限流水平，以防止电流过冲而引起的故障跳闸，对于一些惯量较大或变化剧烈的负载场合，该功能尤其适用。

自动限流功能需定义的参数包括自动限流水平和限流时频率下降率。自动限流水平定义了自动限流动作的电流阈值，其设定范围是相对于变频器额定电流的百分比。限流时频率下降率定义了自动限流动作时对输出频率进行调整的速率。自动限流时，若频率下降率的数值设置过小，则不易摆脱自动限流状态而可能导致最终过载故障；若频率下降率的数值设置过大，则频率调整程度加剧，变频器长时间处于发电状态导致过电压保护。

在自动限流动作时，输出频率可能会有所变化，所以对于恒速运行时输出频率较稳定的场合，不宜使用自动限流功能。

6. 电动机热过载

电动机过载的基本特征是实际温升超过额定温升。因此，对电动机进行过载保护的目的也是为了确保电动机能够正常运行，不因过热而烧毁。

电动机在运行时，其损耗功率（主要是铜耗）必然要转换成热能，使电动机的温度升高。电动机的发热过程属于热平衡的过渡过程，其基本规律类似于常见的指数曲线上升（或下降）规律。其物理意义在于：由于电动机在温度升高的同时，必然要向周围散热，温升越大，散热也越快，故温升不能按线性规律上升，而是越升越慢，当电动机产生的热量与发散的热量平衡时，此时的温升为额定温升。

异步电动机的制造标准按照最高允许温升定义了不同级别的类型，具体为 A 级 105℃、E 级 120℃、B 级 130℃、F 级 155℃、H 级 180℃。

电动机过载是指电动机轴上的机械负载过重，使电动机的运行电流超过了额定值，并导致其温升也超过了额定值。电动机一般过载的主要特点是：①电流上升的幅度不大。因为在电动机选型设计时一般都充分考虑了负载的最大使用电流并按电动机最大温升情况进行设计的，对于某些变动负载和断续负载，短时间的过载是允许的。因此，正常情况下的过载电流幅值不会很大。②一般情况下，电流的变化率 di/dt 较小，上升较缓慢。

（1）热过载曲线

电动机的过载保护具有反时限特性，即电动机的运行电流越大，保护动作的时间越短，如图 2-26 所示。

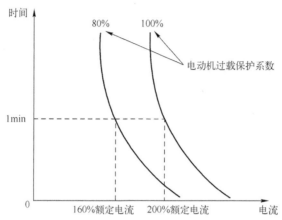

图 2-26 变频器的过载保护曲线

例如，当电动机的运行电流值为额定电流的 150% 时，可维持运行十几分钟或数十分钟；当电动机的运行电流值为额定电流的 200% 时，可维持运行 1 min；当电动机的运行电流值为额定电流的 250% 时，仅可维持运行几秒钟。

当负载电动机的容量低于变频器额定容量时，亦可用此功能进行热过载保护。由于变频器选配电动机功率大小的差异，因此为了对所配电动机进行有效的过载保护，有必要对变频器的允许输出电流的最大值进行调整，在图 2-26 中，可以看到电动机过载保护系数设为80% 时的曲线。

电动机过载保护系数可由下面的公式确定：

电动机过载保护系数值＝允许最大负载电流÷变频器的额定输出电流×100%　　（2-7）

在一般情况下，定义允许最大负载电流为负载电动机的额定电流。

这里值得注意的是：在一台变频器传动多台电动机时，此功能不一定有效。

（2）热过载报警参数

对电动机热过载的监视并报警故障是变频器适应负载的重要方式之一，它能在电动机温升超过设定值时马上切断输出频率，很大程度上预防了电动机的烧毁现象。图 2-27 所示为电动机过载预报警检出功能示意图。

在图 2-27 中，过载预报警检出水平定义了过载预报警动作的电动机电流阈值，其设定范围是相对于额定电流的百分比；过载预报警检出时间定义了过载预报警检出必须经过过载预报警状态下有效的时间；过载预报警状态有效即变频器工作电流超过过载检出水平，并且保持的时间超过过载检出时间。

在一般情况下，过载预报警检出水平的设置应小于过载保护水平，在过载预报警检出时间内，工作电流小于过载预报警检出水平后，机内的过载预报警检出时间重新计时。

对于过载预报警检测功能，可以通过相关的参数选择：①过载预报警检测区域是一直有效还是仅在恒速运行时检测，由于变频器在传动某些负载时，加减速时电流会比较大，可以

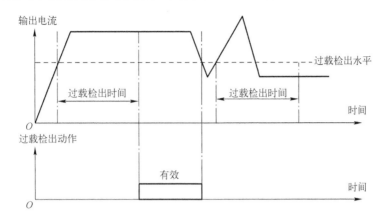

图2-27 电动机过载预报警检出功能示意图

通过本参数来筛选检测区域。②过载预报警动作是报警停机还是不报警且继续运行,这取决于负载的情况,但最终真正过载时,变频器就会报故障。

(3) 变频电动机和普通电动机的过载

普通电动机在低速运行时,其风叶的速度也变慢,因此散热效果变差,温度升高会使电动机的寿命缩短。在此时,如果能够对电动机过载设定值进行重新调整将能很好地保护电动机,所以在变频器的过载方式中都会提供选择低速补偿的方式,最简单的办法就是选择电动机的种类,即普通电动机还是变频电动机。

选择普通电动机方式的,变频器就会自动进行低速补偿,即把运行频率低于30 Hz的电动机过载保护阈值下调,这个30 Hz就是电动机过载功能的转折频率。在一般情况下,转折频率可按基本频率的60%~70%来设置,同时应该考虑到负载的类型(恒转矩负载和变转矩负载)来设置转折频率时的过载系数、零频时的过载系数。

选择变频电动机,则由于变频专用电动机采用强制风冷形式,因此电动机的散热不受转速影响,不需要进行低速过载时的保护值调整。

7. 其他适应负载功能

除此之外,为了适应不同负载和环境的需要,变频器通常还具有以下功能。

(1) 自动节能运行

自动节能运行,是指电动机在空载或轻载运行的过程中,通过检测负载电流,适当调整输出电压,达到节能的目的。

该功能对风机泵类负载尤其有效,它可以使电动机在保证正常工作的同时,变频器能准确地根据电动机的实际负载为电动机提供最低的电量,能最大程度上节约电能4%~8%。

(2) 电动机稳定因子

变频器与电动机配合时,有时会产生电流振荡,修改电动机稳定因子可以抑制两者配合所产生的固有振荡。若恒定负载(如齿轮箱传动等)运行时输出电流反复变化,在出厂参数的基础上调节该功能码的大小可消除振荡,使电动机平稳运行。

(3) 自动电压调节功能

当输入电压偏离额定值时,通过变频器的自动电压调节功能(AVR)可保持输出电压恒定,尤其在输入电压高于额定值时。

（4）过调制功能

在长期低电网电压（额定电压的15%以下），或者长期重载工作的情况下，变频器通过提高自身母线电压的利用率，来提高输出电压，这就是过调制功能。过调制功能起作用时，输出电流谐波会略有增加。

（5）瞬停不停功能

瞬停不停功能用于定义在电压下降或者瞬时欠电压时，变频器是否自动进行欠电压补偿。可适当降低频率，通过负载回馈能量，维持变频器不跳闸运行。

使用本功能时，还需定义电压补偿时的频率下降率。如果电压补偿时的频率下降率设置过大，则负载瞬时回馈能量亦很大，可能引起过电压保护；如果该值设置过小，则负载回馈能量就过小，就起不到欠电压补偿的作用。因此，调整频率下降率参数时，需根据负载转矩惯量及负载轻重合理选择。

图2-28所示为变频器在40 Hz时瞬时掉电的瞬停不停功能，在额定负载时进线电压瞬间中断，直流母线电压降到最低极限值。通过瞬停不停功能，变频器通过降低负载的频率以发电机模式来运行电动机，并以此提供能量给变频器。只要电动机具有足够的动能，电动机速度虽然下降，但变频器仍会继续工作，一旦进线电压恢复，变频器立即可以投入运行。

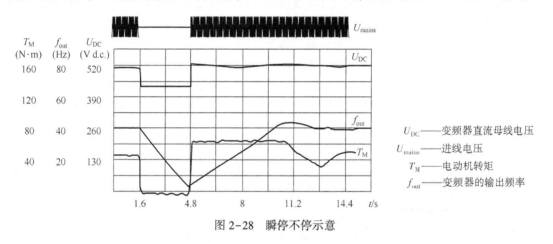

图2-28 瞬停不停示意

2.3 化工厂变频控制系统的设计

2.3.1 控制要求

图2-29所示为某化工厂的工艺流程。其工作原理为在投料口B01投入粉末状的化工原料，经振动器均匀地分散后由计量式螺旋推进器M02送入料槽B02；料槽中的水量是通过M03清水泵来进行控制，同时保证液位始终稳定在相同的高度，经搅拌器M01的工作确保了化工原料与水的混合均匀，然后得到相对稳定浓度的溶液，并制成半成品从料槽的下端输出。

在化工厂泵与搅拌机控制流程中，电动机M1、M2和M3需要进行变频控制，以达到一定的控制效果，具体要求如下。

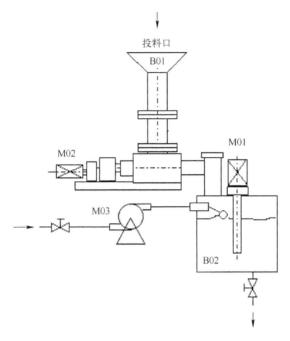

图2-29　工艺流程

1）对M01、M02和M01进行控制，其中M02和M03能在自动情况下跟随M01速度。

2）M02和M03能在手动情况下用电位器进行调速。

3）M01故障后，随即停止M02和M03。

4）三台电动机的功率为M01为3.7kW，M02和M03为2.2kW，且都必须安装热继电器。

5）对于M01来说，运行频率既能设定为2段速度，从低到高依次为25Hz和50Hz也能通过电位器简单设定速度。

2.3.2　变频控制系统的硬件设计

这里采用三菱E700系列变频器，图2-30所示为化工厂变频控制系统的硬件设计，其内容如下。

1）VF1、VF2和VF3分别控制电动机M01、M02和M03，并在电动机端安装热继电器，其选型跟普通继电器没有区别，并将电流整定为1.1倍的额定电流。

2）对于VF1来说，其频率设定通过电位器R_{p1}或选择开关来进行多段速设定，同时通过输出AM信号，即变频器运行速度信号给VF2和VF3，VF2和VF3在自动情况下进行同步跟随。

3）对于VF2和VF3来说，通过选择RES端子（设置为切换4号端子信号），可以工作在自动和手动两种情况，手动情况下，采用电位器输入信号，即R_{p2}控制VF2、R_{p3}控制VF3。

4）VF1故障后，其A1、C1端子动作，KA4动作，随即停止VF2和VF3，且只有在VF1动作复位的情况下才能再次起动。

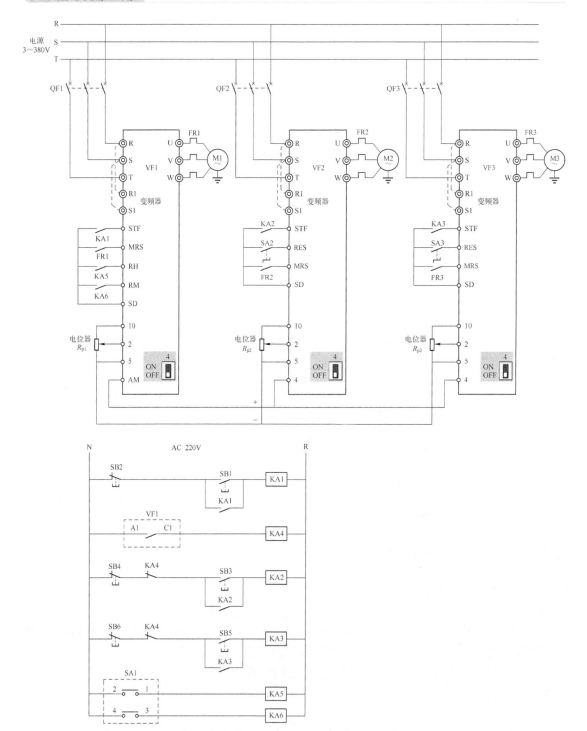

图 2-30 总体设计思路

为了确保多段速合理的应用，这里选择了多位转换开关 H5881/3，其外观与功能如图 2-31所示。该选择开关提供了 6 个选择位，而本项目只需要用到其中的 2 位和 0 位，其余几位以方便扩充用。

a)

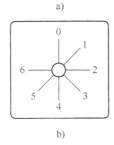

b)

位置 触点	0	1	2	3	4	5	6
1 — 2		×					
3 — 4			×				
5 — 6				×			
7 — 8					×		
9 — 10						×	
11 — 12							×

c)

图 2-31 多位转换开关 H5881/3
a) 外观　b) 面板　c) 功能

2.3.3 变频器参数设置与调试

1. VF1 搅拌机变频器设置（表 2-3）

表 2-3　VF1 参数设置

参 数 代 码	功 能 简 述	设 定 数 据
Pr. 0	手动转矩提升	6%
Pr. 4	多段速设定（RH）	50.0 Hz
Pr. 5	多段速设定（RM）	25.0 Hz
Pr. 73	模拟量的选择	1（端子 2 输入 0~5 V）
Pr. 79	运行模式选择	2（外部模式固定）
Pr. 158	AM 端子功能选择	1（输出频率）
Pr. 178	STF 功能选择	60（正转命令）

（续）

参数代码	功能简述	设定数据
Pr. 183	MRS 功能选择	7（外部热继电器输入）
Pr. 195	ABC1 功能选择	97（故障输出）

2. VF2 螺旋推进器变频器设置（表 2-4）

表 2-4　VF2 参数设置

参数代码	功能简述	设定数据
Pr. 0	手动转矩提升	4%
Pr. 73	模拟量的选择	1（端子 2 输入 0~5 V）
Pr. 79	运行模式选择	2（外部模式固定）
Pr. 178	STF 功能选择	60（正转命令）
Pr. 183	MRS 功能选择	7（外部热继电器输入）
Pr. 184	RES 功能选择	4（端子 4 输入选择）
Pr. 267	端子 4 输入选择	2（端子 4 输入 0~10 V）

3. VF3 清水泵变频器设置（表 2-5）

表 2-5　VF3 参数设置

参数代码	功能简述	设定数据
Pr. 73	模拟量的选择	1（端子 2 输入 0~5 V）
Pr. 79	运行模式选择	2（外部模式固定）
Pr. 158	AM 端子功能选择	1（输出频率）
Pr. 178	STF 功能选择	60（正转命令）
Pr. 183	MRS 功能选择	7（外部热继电器输入）
Pr. 184	RES 功能选择	4（端子 4 输入选择）
Pr. 195	ABC1 功能选择	97（故障输出）
Pr. 267	端子 4 输入选择	2（端子 4 输入 0~10 V）

2.4　流体工艺的变频 PID 控制

2.4.1　流体装置概述

所谓流体就是液体和气体的总称，它具有三个特点：①流动性，即抗剪抗张能力都很小；②无固定形状，随容器的形状而变化；③在外力作用下流体内部发生相对运动。与此相关的就是常见的风机、水泵及压缩机等机械设备，它们都起着输送流体的作用。

图 2-32 所示为轴流式风机的结构。它有主轴、叶轮、集流器、导叶、机壳、动叶调节装置、进气箱和扩压器等主要部件。

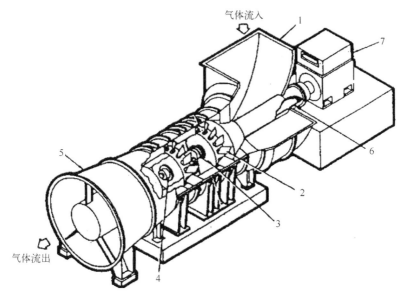

气体流入

气体流出

图 2-32 轴流式（通）风机结构示意图（两级叶轮）

1—进气箱 2—叶轮 3—主轴承 4—动叶调节装置 5—扩压器 6—轴 7—电动机

2.4.2 流体 PID 控制的形式

PID 调节是过程控制中应用得十分普遍的一种控制方式，它是使控制系统的被控物理量能够迅速而准确地无限接近于控制目标的基本手段。

PID 调节的解释如下：比例运算（P）是指输出控制量与偏差的比例关系；积分运算（I）的目的是消除静差，只要偏差存在，积分作用将控制量向使偏差消除的方向移动；比例作用和积分作用是对控制结果的修正动作，响应较慢；微分作用（D）是为了消除其缺点而补充的，微分作用根据偏差产生的速度对输出量进行修正，使控制过程尽快恢复到原来的控制状态，微分时间是表示微分作用强度的单位。

与一般的以转速为控制对象的变频系统不同，涉及流体工艺的变频系统通常都是以流量、压力、温度及液位等工艺参数作为控制量，实现恒量或变量控制，这就需要变频器工作于 PID 方式下，按照工艺参数的变化趋势来调节泵或风机的转速。

在大多数的流体工艺或流体设备的电气系统设计中，PID 控制算法是设计人员常常采用的恒压控制算法。常见的 PID 控制器控制形式主要有 3 种：①硬件型，通用 PID 控制器。②软件型，使用离散形式的 PID 控制算法，在可编程序控制器上做 PID 功能块。③使用变频器内置 PID 控制功能，相对前两者来说，第③种叫内置型。

1. PID 控制器

现在的 PID 控制器多为数字型控制器，具有位控方式、数字 PID 控制方式以及模糊控制方式，有的还具有自整定功能，如富士 PXR 系列温度 PID 控制器（图 2-33）、欧陆 2200系列 PID 控制器就属此类型。此类 PID 控制的输入/输出类型都可通过设置参数来改变，考虑到抗干扰性，一般将输入/输出类型都设定为 4~20 mA 电流类型。

图 2-33　富士 PXR 系列温度 PID 控制器

图 2-34 为以 PID 调节器构成的闭环压力调节系统，压力的给定值由 PID 的面板设定，压力传感器将实际的压力变换为 4~20 mA 的压力反馈信号，并送入 PID 温控器的输入端；PID 温控器将输入的模拟电流信号经数字滤波、A/D 转换后变为数字信号，一方面作为实际压力值显示在面板上，另一方面与给定值作差值运算；偏差值经数字 PID 运算器运算后输出一个数字结果，其结果又经 D/A 转换后，在 PID 温控器的输出端输出 4~20 mA 的电流信号去调节变频器的频率，变频器再驱动水泵电动机，使压力上升。当给定值大于实际压力值时，PID 控制器输出最大值 20 mA，压力迅速上升，当给定值刚小于实际压力值时，PID 控制器输出开始退出饱和状态，输出值减小，压力超调后也逐渐下降，最后压力稳定在设定值处，变频器频率也稳定在某个频率附近。

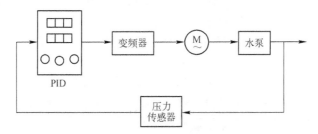

图 2-34　PID 控制系统框图

这种 PID 控制形式的主要优点是操作简单、功能强大及动态调节性能好，适用于选用的变频器性能不是很高的应用场合，同时控制器还具有传感器断线和故障自动检测功能。缺点是 PID 调节过于频繁，稳态性能稍差，布线工作量多。

2. 软件型 PID

喜欢使用 PLC 指令编程的设计者通常自己动手编写 PID 算法程序，这样可以充分利用 PLC 的功能。在连续控制系统中，模拟 PID 的控制规律形式为

$$u(t) = K_p \left[e(t) + \frac{1}{T_i} \int e(t)\,\mathrm{d}t + T_D \frac{\mathrm{d}e(t)}{\mathrm{d}t} \right] \tag{2-8}$$

式中，$e(t)$ 为偏差输入函数；$u(t)$ 为调节器输出函数；K_P 为比例系数；T_i 为积分时间常数；T_D 为微分时间常数。

由于式（2-8）为模拟量表达式，而 PLC 程序只能处理离散数字量，为此，必须将连续形式的微分方程化成离散形式的差分方程。式（2-8）经离散化后的差分方程为

$$u(k) = K_{\mathrm{p}}\left[e(k) + \frac{1}{T_{\mathrm{i}}} \sum_{i=0}^{k} Te(k-i) + T_{\mathrm{D}} \frac{e(k) - e(k-1)}{T} \right] \qquad (2-9)$$

式中，T 为采样周期；k 为采样序号，$k=0, 1, 2 \cdots i, \cdots k$；$u(k)$ 为采样时刻 k 时的输出值；$e(k)$ 为采样时刻 k 时的偏差值；$e(k-1)$ 为采样时刻 $k-1$ 时的偏差值。

软件型 PID 可采用与 PLC 直接连接的文本显示器或触摸面板输入参数和显示参数，如图 2-35 所示。这种形式的 PID 控制器优点是控制性能好、柔性好，在调节结束后，受控量十分稳定，信号受干扰小，调试简单，接线工作量少，可靠性高。不足是编程工作量增加，需增加硬件成本。

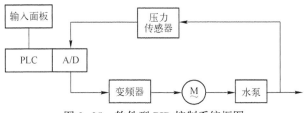

图 2-35 软件型 PID 控制系统框图

在软件型 PID 调试时，要尽量设置短的变频器的上升时间和下降时间。同时在编程设计中必须防止计算结果值溢出，以避免造成控制失控，而且还要编写校正传感器零点和判断其是否正常的功能程序。

3. 变频器内置 PID

正由于 PID 功能用途广泛、使用灵活，使得现在变频器的功能大都集成了 PID，简称"内置 PID"，使用中只需设定三个基本参数（K_{p}，T_{i} 和 T_{d}）即可。

变频器的内置 PID 控制原理如图 2-36 所示。

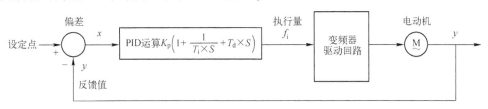

K_{p}：比例常数　T_{i}：积分时间　S：演算子　T_{d}：微分时间

图 2-36 变频器的内置 PID 控制原理

在很多情况下，变频器内置 PID 并不一定需要全部的比例、积分和微分三个单元，可以取其中的一到两个单元，但比例控制单元是必不可少的。比如在恒压供水控制中，因为被控压力量不属于大惯量滞后环节，因此只需 PI 功能，D 功能可以基本不用。

使用变频器的内置 PID 功能，首先必须设定 PID 功能有效，然后确定 PID 控制器的信号输入类型，如采用有反馈信号输入，则要求有设定值信号，设定值可以为外部信号，也可以是面板设定值；如采用偏差输入信号，则无须输入设定值信号。

以下是以通用变频器为例的两种输入信号接线控制图，如图 2-37 和图 2-38 所示。图中 DI1 与 COM 短接表示 PID 功能有效。

要使变频器内置 PID 闭环正常运行，必须首先选择 PID 闭环选择功能有效，同时至少有两种控制信号：①给定量，它是与被控物理量的控制目标对应的信号。②反馈量，它是通过现场传感器测量的与被控物理量的实际值对应的信号。图 2-39 所示就是通用变频器 PID 控制原理图。

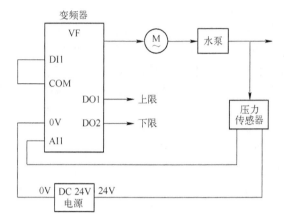

图 2-37　设定值为面板输入、反馈信号为电流信号的内置 PID 接线

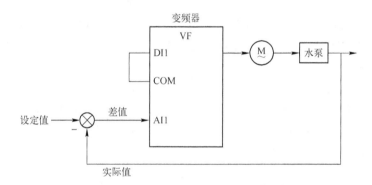

图 2-38　输入为差值的变频器内置 PID 接线

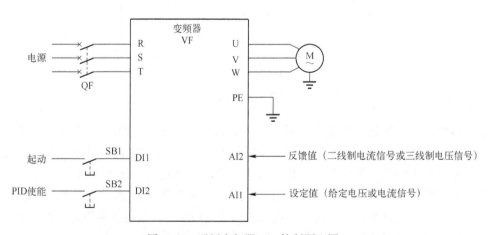

图 2-39　通用变频器 PID 控制原理图

　　PID 调节功能将随时对给定量和反馈量进行比较，以判断是否已经达到预定的控制目的。具体地说，它将根据两者的差值，利用比例 P、积分 I、微分 D 的手段对被控物理量进行调整，直至反馈量和给定量基本相等，达到预定的控制目标为止。

图 2-40 所示为通用变频器内置 PID 的控制校准过程。

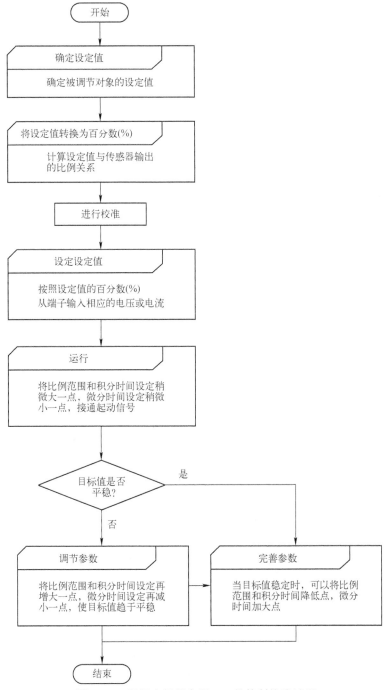

图 2-40 通用变频器内置 PID 的控制校准过程

比较三种不同类型的 PID, 内置型 PID 的优点很明显, 其成本低, 控制性能较好, 设置的参数少, 接线工作量较少, 抗干扰性最好。缺点是这种 PID 也属软件型 PID, 响应较慢, 易出现超调现象, 压力的设置和显示不直观。调试应尽量设置短的变频器上升时间和下降时间; 使用面板设定设置值时, 设定的是设置值与传感器量程的相对值; 要设置正确的 PID 动作方向。

2.4.3　各种流体工艺的不同变频控制

由于变频器在风机和水泵上具有显著的节能效果，因此，涉及流体工艺的变频系统越来越多，如变频恒压供水、变频恒液位控制、变频恒流量控制及变频恒温控制等。

1. 流量控制

比较温度、压力、流量和液位这四种最常见的过程变量，流量或许是其中最容易控制的过程变量。由于连续过程中物料的流动贯穿于整个生产过程，泵的主要作用是输送液体，风机的主要作用是输送气体，所以流量回路是最多的。

在流体力学上，泵与风机在许多方面的特性及数学、物理描述是一样或类似的。如出口侧压力 P 与流量 Q 的压力-流量特性（即 P-Q 特性曲线）是一致的。流体流过热交换器、管道、阀门、过滤器时会产生压力的损耗，我们通常将由此产生的压力损耗之和与流量的关系曲线叫流体机械阻抗曲线。因此，当 P-Q 特性曲线与阻抗曲线产生交点时，就基本确定了流体的流量。通常对流量回路的控制手段是改变 P-Q 特性曲线或者改变流体机械的阻抗曲线。

这里以轴流风机为例进行说明。风机管路性能曲线是指单位容积气体从吸入空间经管路及附件送至压出空间所需要的总能量 p_c（即全压）与管路系统输送流量 Q 的关系曲线。一般吸入空间及压出空间均为大气，且气体位能通常忽略，则管路性能曲线的数学表达式为

$$p_c = S_p Q^2 \qquad (2-10)$$

式中，S_p 是管路系统的综合阻力系数（kg/m^2）。S_p 决定于管路系统的阻力特性，根据管路系统的设置情况和阻力计算确定。式（2-10）表示的管路性能曲线在 p_c-Q 坐标系中是一条通过原点的二次抛物线（图 2-41 所示）。

全压 p 表示风机提供的总能量，但是用于克服管路系统阻力的损失能量只能是全压中静压能量。因此，风机装置工况的确定，有时需要用风机的静压与流量关系（p_{st}-Q）曲线来确定相应的装置工况。此时，风机装置将出现全压工况点 N 和静压工况点 M，这是意义不同的两个工况点。

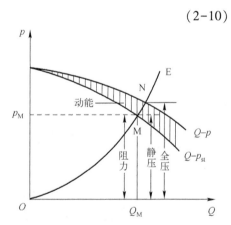

图 2-41　轴流风机的 P-Q 曲线

流量控制具有以下特点：风机、泵类负载一般情况下其转矩都与转速平方成正比，所以也把它们称为具有平方转矩特性的负载。流量控制中，对于起动、停止、加减速控制的定量化分析是非常重要的。因为在这些过程中，电动机与机械都处在一个非稳定的运行过程，这一过程将直接影响流量控制的好坏。在暂态过程中，风机的惯量一般是传动电动机的 10~50 倍，而泵的惯量则只有传动电动机的 20%~80%。同时，起动、停止、加减速中，加减速时间也是一个重要指标。

对于流量控制的变频器必须考虑到以下几个方面。

（1）瞬停的处理环节

如果出现电源侧的瞬时停电并瞬间又恢复供电，使变频器保护跳闸，电动机负载进入惯

性运转阶段，如果上电再起动时，因风机类负载会仍处于转动状态，为此必须设置变频器为转速跟踪起动功能，以先辨识电动机的运转方向后再起动。同时，对于有些负载，还可以设置瞬停不停功能，以保证生产的连续性。

（2）无流量保护

对有实际扬程的供水系统，当电动机的转速下降时，泵的出口压比实际扬程低，就进入无流量状态（无供水状态），水泵在此状态下工作，温度会持续上升导致泵体损坏。因此，要选择无流量状态的检测和保护环节，并设置变频器最低运行频率。

（3）启动联锁环节

变频器从低频起动，如果电动机在旋转时，便进入再生制动状态，会出现变频器过电压保护。因此需设定电动机停止后再起动的联锁还击。另外，水泵停转后，由于水流的作用会反向缓慢旋转，此时起动变频器也会造成故障，只有安装单向阀才能解决这个问题。

2. 压力控制

压力也是一个非常重要的过程变量，它直接影响沸腾、化学反应、蒸馏、挤压成形、真空及空气流动等物理和化学过程。压力控制不好就可能引起生产安全、产品质量和产量等一系列问题。密封容器的压力过高就会引起爆炸。因此，将压力控制在安全范围内就显得极其重要。

压力控制的变频系统与流量控制的变频系统有非常相近的地方，所以变频控制可以基本参照流量控制。

如图 2-42 所示为通用变频器组成的压力闭环控制接线图。该系统中，采用压力变送器作为变频器内置 PID 的反馈传感器，以组成模拟闭环反馈控制系统。压力给定量用电位器设定，以电压形式通过 AI2 口输入，而压力反馈信号以 4～20 mA 信号电流形式从 AI1 口输入，给定量和反馈量均通过模拟通道采集，由端子 DI1 实现闭环运行的起停。

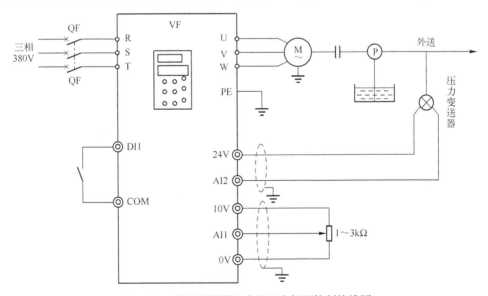

图 2-42 通用变频器组成的压力闭环控制接线图

3. 温度控制

温度是一个非常重要的过程变量，因为它直接影响燃烧、化学反应、发酵、烘烤、煅烧、蒸馏、浓度、挤压成形、结晶以及空气流动等物理和化学过程。温度控制不好就可能引起生产安全、产品质量和产量等一系列问题。尽管温度控制很重要，但是要控制好温度常常会遇到意想不到的困难。

图 2-43 为变频器温度控制示意图。该系统的温度检测元件为 K 型热电偶，送入到温控仪，与预先输入温控器的温度给定值进行比较，得出偏差值，再经运算后，输出带有连续PID 调节规律的 4~20 mA 电流信号，送入到变频器的模拟量输入端。变频器的参数设置应该包括上下限频率、4 mA 对应的频率、20 mA 对应的频率和加减速时间等。

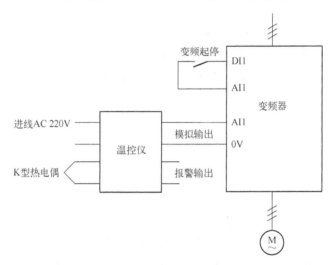

图 2-43　变频器温度控制示意图

对于变频温度控制系统必须注意以下几点。

1）由于温控过程缓慢，很多变频器内置 PID 控制并不适用，建议选用外置的温控器。

2）在温度控制中，很多风机的惯量比较大，因此选择变频器功能时，需注意转速跟踪功能和起动联锁条件。

3）温控系统的变频器运转范围较宽，因此要防止在特定转速下的机械共振现象，可以在试运转中进行这一内容的分析，如果发生则可以调整跳跃频率，或者加装辅助机械装置将固有频率移出工作区。

4）温度传感器的安装位置直接关系到温控变频系统的稳定性，因此必须安装在最佳位置，以达到系统的最优控制。

4. 其他工艺参数

在生产制造过程中，还涉及液位变量、pH 等工艺参数，变频控制 PID 系统的组成基本上也可以参考以上三种方式。

2.4.4　中央空调变频风机的几种控制方式

1. 变频风机的静压 PID 控制方式

送风机的空气处理装置是采用冷热水来调节空气温度的热交换器，冷、热水是通过冷、热源装置对水进行加温或冷却而得到的。大型商场、人员较集中且面积较大的场所常使用此类装置。如图 2-44 所示给出了一个空气处理装置中送风机的静压控制系统。

在第一个空气末端装置的 75%~100% 处设置静压传感器，通过改变送风机入口的导叶或风机转速的办法来控制系统静压。如果送风干管不只一条，则需设置多个静压传感器，通过比较，用静压要求最低的传感器控制风机。风管静压的设定值（主送风管道末端最后一个支管前的静压）一般取 250~375 Pa。若各通风口挡板开启数增加，则静压值比给定值低，控制风机转速增加，加大送风量；若各通风口挡板开启数减少，静压值上升，控制风机转速下降，送风量减少，静压又降低，从而形成了一个静压控制的 PID 闭环。

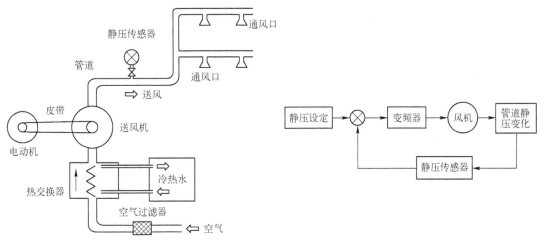

图 2-44 中央空调送风机的静压控制

在静压 PID 控制算法中，通常采用两种方式，即定静压控制法和变静压控制法。定静压控制法是系统控制器根据设于主风道 2/3 处的静压传感器检测值与设定值的偏差，变频调节送风机转速，以维持风道内静压一定。变静压控制法即利用 DDC 数据通信技术，系统控制器综合各末端的阀位信号，来判断系统送风量盈亏，并变频调节送风机转速，满足末端送风量需要。由于变静压控制法在部分负载下风机输出静压低，末端风阀开度大、噪声低，风机节能效果好，同时又能充分保证每个末端的风量需要。

控制管道静压的好处是有利于系统稳定运行并排除各末端装置在调节过程中的相互影响。此种静压 PID 控制方式特别适合于上下楼或被隔开的各个房间内用一台空气处理装置和公用管道进行空气调节的场合，如在商务大厦的标准办公层都得到了广泛的应用。

2. 变频风机的恒温 PID 控制方式

在有诸如舒适性等要求较高而空间又不是太过于大的室内空调区域内，可以使用恒温控制。恒温控制中必须注意以下几个方面：温控系统的热容量比较大，控制指令发出后，不是瞬间响应，响应速度慢；外界条件如气温、日照等对温控系统的影响很大；因为控制对象为气体，温度检测传感器的安装位置非常重要。

本控制方式利用了变频器内置的 PID 算法进行温度控制，当通过传感器采集的被测温度偏离所希望的给定值时，PID 程序可根据测量信号与给定值的偏差进行比例（P）、积分（I）、微分（D）运算，从而输出某个适当的控制信号给执行机构（即变频器），提高或降低转速，促使测量值室温恢复到给定值，达到自动控制的效果，如图 2-45 所示。比例运算是指输出控制量与偏差的比例关系。积分运算的目的是消除静差。只要偏差存在，积分作用将控制量向使偏差消除的方向移动。比例作用和积分作用是对控制结果的修正动作，响应较慢。微分作用是为了消除其缺点而补充的。微分作用根据偏差产生的速度对输出量进行修正，使控制过程尽快恢复到原来的控制状态，微分时间是表示微分作用强度的单位。

恒温控制中必须要注意 PID 的正作用和反作用，也就是说在夏季（使用冷气）和冬季（使用暖气）是不一样的。在使用冷气中，如果检测到的温度高于设定温度时，变频器就必须加快输出频率；而在使用暖气中，如果检测到温度高于设定温度时，变频器就必须降低输出频率。因此，必须在控制系统增设夏季/冬季切换开关以保证控制的准确性。

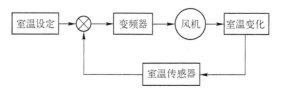

图 2-45　变频风机的恒温控制

3. 变频风机的多段速变风量控制方式

在大型的空调大楼中，由于所需要的空气量是随着楼内人数及昼夜大气温度的变化而不同，所以相应地对风量进行调节可以减少输入风扇的电能并调整主机的热负载。人少时，如周末、星期日、节假日，空气需求量少，考虑这些具体情况来改变吸气扇转速，控制进风量，可减少吸气扇电动机的能耗，同时还可以减轻输入暖气时锅炉的热负载和输入冷气时制冷机的热负载。

图 2-46 所示为某大楼在不同的工作时段内（平时、周六、周日或节假日）的风量需求量，该风量必须根据 CO_2 浓度等环境标准来确定最少必需量。由于通常在设计中都留有一定的余量，因此可以按高速时 86%、中速时 67%、低速时 57%的进风量来进行多段速控制。

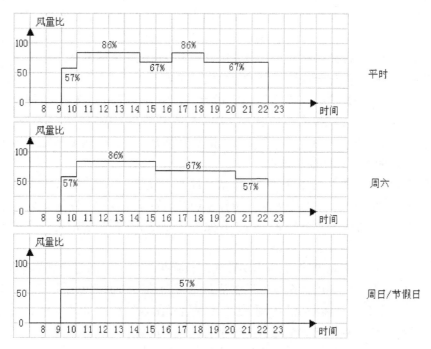

图 2-46　变频风机的多段速控制

该控制方式是基于对风量需求进行经验估算的基础上进行的程序控制。如在某地铁线的车站内安装有 2 个体积小巧的可开启表冷器和 4 台变频风机，整个系统由计算机控制。工作人员首先按照地铁客流峰谷表编好调温程序，控制风机转速，高峰时车站温度高，变频风机吹出较大风量；人少时车站里温度相对较低，风机风量较小，从而站台的温度可控制在 29℃，站厅温度控制在 30℃，乘客舒适度大为提高。

2.5 三菱 E700 变频器的 PID 控制

2.5.1 三菱 E700 变频器 PID 操作

表 2-6 所列为三菱 E700 变频器常用的 PID 相关参数，它主要包括 PID 调节参数和 PID 通道参数。E700 的 PID 主要用流量、风量、压力及温度等工艺控制，一般可以由端子 2 输入信号或参数设定值作为目标、端子 4 输入信号作为反馈量组成 PID 控制的反馈系统。

表 2-6　三菱 E700 变频器常用的 PID 相关参数。

参数	名　称	单位	初始值	范围	内　　容	
127	PID 控制自动切换频率	0.01 Hz	9999	0~400 Hz	自动切换到 PID 控制的频率	
				9999	无 PID 控制自动切换功能	
128	PID 动作选择	1	0	0	PID 控制无效	
				20	PID 负作用	测量值输入（端子 4）目标值（端子 2 或 Pr.133）
				21	PID 正作用	
				40~43	浮动辊控制	
				50	PID 负作用	偏差值信号输入（LonWorks 通信、CC-Link 通信）
				51	PID 正作用	
				60	PID 负作用	测定值、目标值输入（Lon Works 通信、CC-Link 通信）
				61	PID 正作用	
129	PID 比例带	0.1%	100%	0.1%~1000%	比例带狭窄（参数的设定值小）时，测量值的微小变化可以带来大的操作量变化 随比例带的变小，响应灵敏度（增益）会变得更好，但可能会引起振动等，降低稳定性 增益 $K_p = 1/$比例带	
				9999	无比例控制	
130	PID 积分时间	0.1 s	1 s	0.1~3600 s	在偏差步进输入时，仅在积分（I）动作中得到与比例（P）动作相同的操作量所需要的时间（T_i） 随着积分时间变小，到达目标值的速度会加快，但是容易发生振动现象	
				9999	无积分控制	
131	PID 上限	0.1%	9999	0~100%	上限值 反馈量超过设定值的情况下输出 FUP 信号 测量值（端子 4）的最大输入（20 mA/5 V/10 V）相当于 100%	
				9999	无功能	

（续）

参数	名　　称	单位	初始值	范围	内　　容	
132	PID 下限	0.1%	9999	0~100%	下限值 测定值低于设定值范围的情况下输出 FDN 信号 测量值（端子 4）的最大输入（20 mA/5V/10 V）相当于 100%	
				9999	无功能	
133	PID 动作目标值	0.01%	9999	0~100%	PID 控制时的目标值	
				9999	PID 控制	端子 2 输入电压为目标值
					浮动辊控制	固定于 50%
134	PID 微分时间	0.01 s	9999	0.01~10.00 s	在偏差指示灯输入时，仅得到比例动作（P）的操作量所需要的时间（T_d） 随微分时间的增大，对偏差变化的反应也越大	
				9999	无微分控制	

2.5.2　三菱 E700 变频器 PID 构成与动作

1. PID 的基本构成

图 2-47 所示为 PID 控制参数 Pr.128 = 20 或 21 时的原理。

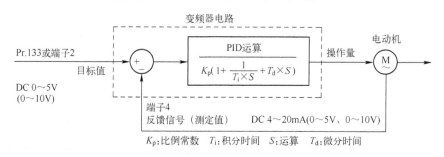

图 2-47　PID 框图

2. PID 动作过程

图 2-48 所示为 PID 调节参数 Pr.129、Pr.130 和 Pr.134 设定之后的动作过程，称之为 P 动作、I 动作和 D 动作的三者之和。

3. PID 的自动切换

为了加快 PID 控制运行时开始阶段的系统上升过程，可以仅在起动时以通常模式上升。Pr.127 可以设置自动切换频率，从起动频率到 Pr.127 中所设定的自动切换频率为止是以通常运行方式动作，待频率达到该设定值后，才转为 PID 控制。如图 2-49 所示为 PID 自动切换控制。当然，从图 2-49 中也可以看出，Pr.127 的设定值仅在 PID 运行时有效，其他阶段无效。

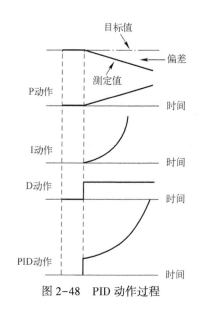

图 2-48　PID 动作过程

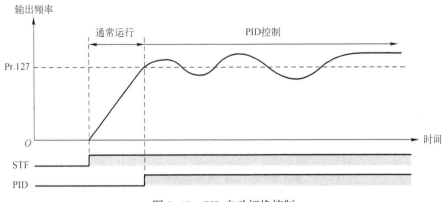

图 2-49 PID 自动切换控制

4. PID 信号输出功能

在很多控制案例中，需要输出 PID 控制过程的各种状态，尤其是 PID 目标值、PID 测定值和 PID 偏差值。E700 变频器提供了这些信号直接输出到 AM 端子，具体设定参数见表 2-7。

表 2-7　PID 信号输出功能

设 定 值	监 视 内 容	最 小 单 位	端子 AM 满刻度值
52	PID 目标值	0.1%	100%
53	PID 测量值	0.1%	100%
54	PID 偏差值	0.1%	—

5. PID 的正负作用

在 PID 作用中，存在两种类型，即负作用与正作用。负作用是当偏差信号（即目标值-测量值）为正时，增加频率输出，如果偏差为负，则频率输出降低。正作用的动作顺序刚好相反，具体如图 2-50 所示。

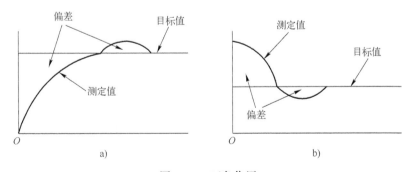

图 2-50　正负作用
a）负作用　b）正作用

以温度控制为例，在冬天的暖气控制时为负作用，如图 2-51 所示；在夏天的冷气控制时为正作用，如图 2-52 所示。

图 2-51 温度负作用   图 2-52 温度正作用

温度偏差与变频器输出频率之间的关系见表 2-8。

表 2-8 温度偏差与变频器输出频率之间的关系

	偏　差	
	正	负
负作用	↗	↘
正作用	↘	↗

2.5.3 【实操任务 2-1】三菱 E700 变频器的 PID 控制

任务说明

对 E700 进行接线，并设置参数实现 PID 控制。

1）通过操作面板控制电动机起动/停止。

2）通过外部模拟电压输入端子设定目标值。

实操任务 2-1

3）通过外部模拟电流输入端子输入反馈值（反馈用外部给定模拟）。

实操思路

1. 按照图 2-53 变频器外部接线图完成变频器的接线，认真检查，确保正确无误。

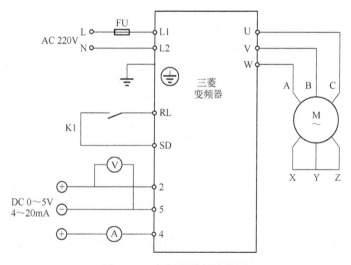

图 2-53 变频器外部接线图

2. 打开电源开关，按照表2-9所示的参数功能正确设置变频器参数。

表2-9　参数功能表

序　号	变频器参数	出 厂 值	设 定 值	功 能 说 明
1	Pr. 1	50	50	上限频率（50 Hz）
2	Pr. 2	0	0	下限频率（0 Hz）
3	Pr. 7	5	5	加速时间（5 s）
4	Pr. 8	5	5	减速时间（5 s）
5	Pr. 9	0	0.35	电子过电流保护（0.35 A）
6	Pr. 160	9999	0	扩展功能显示选择
7	Pr. 79	0	4	操作模式选择
8	Pr. 180	0	14	PID 控制有效端子
9	Pr. 128	0	20	PID 动作选择
10	Pr. 129	100	100	PID 比例带
11	Pr. 130	1	1	PID 积分时间
12	Pr. 131	9999	100	PID 上限设定值
13	Pr. 132	9999	0	PID 下限设定值
14	Pr. 133	0	9999	PU 操作时的 PID 设定值
15	Pr. 134	9999	0	PID 微分时间

注：设置参数前先将变频器参数复位为工厂的默认设定值，因此端子4默认为模拟量电流输入。

3. 按照以下步骤进行操作。

1）按下操作面板按钮"(RUN)"，起动变频器。

2）打开开关"K1"，起动 PID 控制。

3）调节输入电压、电流，观察并记录电动机的运转情况。

4）改变 Pr. 130、Pr. 134 的值，重复4）、5）步，观察电动机运转状态有什么变化。

5）按下操作面板按钮"(STOP/RESET)"，停止变频器。

2.5.4 【实操任务2-2】三菱 E700 变频器通过内置 PID 实现温度控制

任务说明

某三菱 E700 1.5 kW 变频器进行温度 PID 控制，其中温度传感器为二线制，其中 0℃下为 4 mA、50℃为 20 mA。同时将目标值施加于变频器的端子 2～5 间（0～5 V）。通过变频器内置 PID 控制，可以将室温调整到 25℃。

1）设计线路图。

2）给出相关参数值。

3）阐述如何进行 PID 调试。

实操思路

1. 接线如图 2-54 所示，起动命令由变频器发出，频率命令由电位器设定。

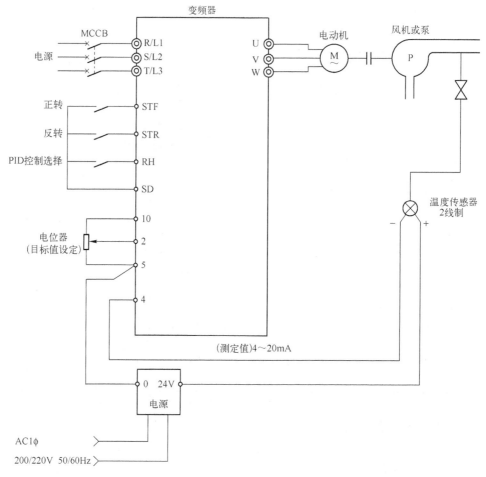

图 2-54　PID 线路设计

2. 基本参数设置。

采用漏型逻辑，其中 Pr.128 = 20（PID 控制启用）、Pr.182 = 14（RH 端子为 PID 切换）。

3. 调试过程。

首先，对目标值输入进行校正。

1）在端子 2~5 间施加相当于目标值设定 0% 的输入电压（例：0 V）。

2）输入当 C2（Pr.902）的偏差为 0% 时变频器应输出的频率（例：0 Hz）。

3）设定当 C3（Pr.902）为 0% 时的电压值。

4）在端子 2~5 间施加相当于目标值设定 100% 的输入电压（例：5 V）。

5）输入当 Pr.125 的偏差为 100% 时变频器应输出的频率（例：60 Hz）。

6）设定当 C4（Pr.903）为 100% 时的电压值。

其次，对测定值输入进行校正。

1）在端子 4~5 间施加相当于测定值 0% 的输入电流（例：4 mA）。

2）通过 C6（Pr.904）进行校正。

3）在端子 4~5 间施加相当于测定值 100% 的输入电流（例：20 mA）。

4）通过 C7（Pr.905）进行校正。

最后，进行 PID 运行调试。

1）设定 Pr. 128，将 X14 信号设置为 ON，即可进行 PID 控制。

2）端子 2 的规格为 0%（0 V）、100%（5 V），因此 50% 的目标值应向端子 2 输入 2.5 V 电压。

3）运行时先将比例带（Pr. 129）稍稍增大，积分时间（Pr. 130）稍稍延时，微分时间（Pr. 134）设定为 "9999"（无效），然后观察系统的动作，再慢慢减小比例带（Pr. 129）或增大积分时间（Pr. 130）。在响应迟缓的系统下，应使用微分控制（Pr. 134）逐渐增大。

2.6 电动机参数调谐

2.6.1 电动机参数调谐种类

变频器选择先进磁通矢量控制、通用磁通矢量控制及无速度传感器矢量控制等方式的时候需要电动机磁通模型，也就是说要依赖于电动机参数。因此，变频器第一次运行前必须首先对电动机进行参数的调谐整定。目前新型通用变频器中已经具备异步电动机参数自动调谐、自适应功能，带有这种功能的通用变频器在驱动异步电动机进行正常运转之前可以自动地对异步电动机的参数进行调谐后存储在相应的参数组中，并根据调谐结果调整控制算法中的有关数值。

电动机参数调谐分为旋转式调谐和静止式调谐两种。旋转式调谐是首先在变频器参数中输入需要调谐的电动机的基本参数，包括电动机的类型（异步电动机或同步电动机）、电动机的额定功率（单位是 kW）、电动机的额定电流（单位是 A）、电动机的额定频率（单位是 Hz）、电动机的额定转速（单位 r/min）；然后将电动机与机械设备分开，电动机作为单体；接着用变频器的操作面板指令操作，变频器的控制程序就会一边根据内部预先设定的运行程序自动运转，一边测定一次电压和一次电流，然后计算出电动机的各项参数。

旋转式调谐在电动机与机械设备难以分开的场合很不方便，此时可采用静止式调谐整定的方法，即将固定在任一相位、仅改变振幅而不产生旋转的三相交流电压施加于电动机上，电动机不旋转，由此时的电压、电流波形按电动机等值回路对各项参数进行运算，便能高精度测定控制上必需的电动机参数。在静止式调谐中，用原来方法无法测定的漏电流也能测定，控制性能进一步提高。利用静止式调谐技术，可对于机械设备组合一起的电动机自动调谐、自动测定控制上所需的各项常数，因而显著提高了通用变频器使用的方便性。

从图 2-55 的异步电动机的 T 型等效电路表示中可以看出，电动机除了常规的参数如电动机极数、额定功率及额定电流外，还有 R_1（定子电阻）、X_{11}（定子漏感抗）、R_2（转子电阻）、X_{21}（转子漏感抗）、X_m（互感抗）和 I_0（空载电流）等。

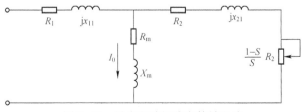

图 2-55 异步电动机稳态等效电路

2.6.2 三菱 E700 变频器调谐的相关参数

采取先进磁通矢量控制或通用磁通矢量控制方式运行时，自动测量电动机常数（离线自动调谐），从而在电动机常数存在偏移或使用其他公司制造的电动机以及接线长度较长等情况下，仍旧能够以最佳的运行特性来运行电动机。表 2-10 所示为 E700 变频器的电动机参数调谐相关参数列表。

表 2-10　E700 变频器的电机参数调谐相关参数列表

参数编号	名　称	初始值	设定范围	内　容
71	适用电动机	0	0、1、3~6、13~16、23、24、40、43、44、50、53、54	通过选择标准电动机和恒转矩电动机，将分别确定不同的电动机热特性和电动机常数。
80	电动机容量	9999	0.1~15 kW	适用电动机容量
			9999	V/f 控制
81	电动机极数	9999	2、4、6、8、10	电动机极数
			9999	V/f 控制
82	电动机励磁电流	9999	0~500 A	调谐数据（通过离线自动调谐测定到的值会自动设定）
			9999	使用三菱电机（SF-JR、SF-HR、SF-JRCA、SF-HRCA）常数
83	电动机额定电压	400 V	0~1000 V	电动机额定电压（V）
84	电动机额定频率	50 Hz	10~120 Hz	电动机额定频率（Hz）
90	电动机常数（R_1）	9999	0~50 Ω、9999	调谐数据（通过离线自动调谐测定到的值会自动设定）9999；使用三菱电机（SF-JR、SF-HR、SF-JRCA、SF-HRCA）常数
91	电动机常数（R_2）	9999	0~50 Ω、9999	
92	电动机常数（L_1）	9999	0~1000 mH、9999	
93	电动机常数（L_2）	9999	0~1000 mH、9999	
94	电动机常数（X）	9999	0~100%、9999	
96	自动调谐设定/状态	0	0	不实施离线自动调谐
			1	先进磁通矢量控制用不运转电动机实施离线自动调谐（所有电动机常数）
			11	通用磁通矢量控制用不运转电动机实施离线自动调谐（仅电动机常数 R_1）
			21	V/f 控制用离线自动调谐（瞬时停电再起动（有频率搜索时用））
859	转矩电流	9999	0~500 A	调谐数据（通过离线自动调谐测定到的值会自动设定）
			9999	使用三菱电机（SF-JR、SF-HR、SF-JRCA、SF-HRCA）常数

2.6.3 【实操任务2-3】用 E700 变频器进行电动机参数调谐

任务说明

实操任务 2-3

用三菱 E700 变频器对 0.75 kW 三相电动机来进行电动机参数调谐。

实操思路

1. 实施连线

三相变频器 E700 与 0.75 kW 电动机相连。

2. 参数设置（见表2-11）

表2-11 参数设置

参数号 Pr.	设 定 值	说 明
71	3	其他类型电动机
80	0.75	电动机容量
81	4	4 极电动机
800	20	先进磁通矢量控制

3. 调谐过程

变频器参数 Pr.96 设定为"1"后，操作面板显示为。

按运行 RUN 之后，操作面板显示为。

调谐时间为 25~75 s，根据变频器容量和电动机的种类不同其所需的时间也不相同，调

谐正常结束后，操作面板显示为。

如果属于非正常结束或调谐过程中有问题，则会出现等

信息。

离线自动调谐如果异常结束（参照表2-12），电动机常数 Pr.90~Pr.94 将无法被设定。
请进行变频器的复位后，重新进行调谐操作。

表2-12 异常结束的错误显示、原因及处理方法

错误显示	错误原因	处理方法
8	强制结束	重新设定 Pr.96 = "1" 或 "11"
9	变频器保护功能动作	重新进行设定
91	电流限制（失速防止）	功能动作设定 Pr.156 = "1"

（续）

错 误 显 示	错 误 原 因	处 理 方 法
92	变流器输出电压为额定值的 75%	确认电源电压的变动
93	计算错误	忘记连接电动机 确认电动机的接线，重新进行设定 在 Pr.9 中设定电动机的额定电流

思考与练习

2.1　简要回答以下问题。

（1）电动机传动系统的机械特性是什么？

（2）变频器负载类型有哪些分类？请举例说明。

（3）泵与搅拌机各属于哪一类负载？为什么？

（4）变频器容量的选型依据是什么？

（5）变频器如何来对电动机的热过载进行保护？

（6）变频器有哪些适应负载的方式？请举例说明。

（7）变频器 PID 控制的实现方式是怎样的？请用图表说明三菱 E700 与西门子 MM4 变频器的 PID 控制方式。

2.2　图 2-56 所示为某变频器运行 V/f 曲线，请根据图中的数字标注进行参数设定。（其中变频器型号选三菱 E700）

2.3　对于电梯应用中的变频器来说（图 2-57），应采取哪种加减速方式来确保人体的舒适度？以一种变频器为例进行加减速参数设定，如何对电梯变频器进行参数调谐？

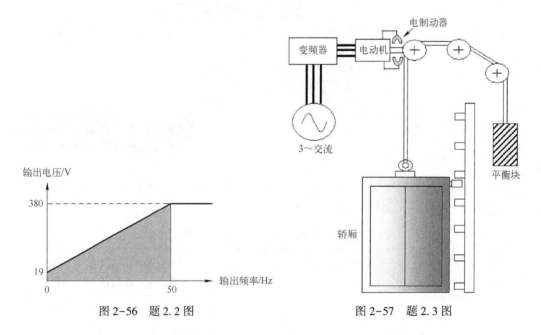

图 2-56　题 2.2 图　　　　　图 2-57　题 2.3 图

2.4　图 2-58 所示为某变频器进行正转运行过程，请结合现场变频器型号（比如三菱

E700）进行起动和停止的参数设定，以确保变频器按图进行工作。

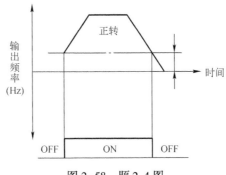

图 2-58 题 2.4 图

2.5 在某化工厂中，如果需要对搅拌机进行三菱 E700 的 4 段速控制与模拟量控制切换控制，即当切换开关为 ON 时为模拟量控制，切换开关为 OFF 时为 4 段速控制，请问该如何进行变频器接线与参数设置？

2.6 图 2-59 所示为搅拌机工艺示意图，现需要对原工频带动的搅拌机进行变频改造，但是又不能取消原有的工频，希望原工频能做备用，请设计工频/变频转换电气线路图，并对变频器进行参数设置。其中电动机为 5.5 kW/6 极，控制系统为继电器。

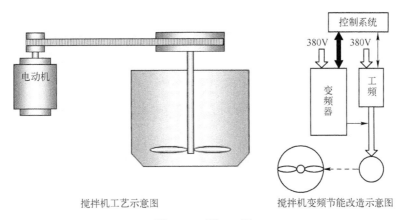

搅拌机工艺示意图　　　　　　　　搅拌机变频节能改造示意图

图 2-59 题 2.6 图

✂ **阅读材料——"双碳"目标任重道远**

实现 2030 年前碳达峰、2060 年前碳中和（简称"双碳"目标）是党中央经过深思熟虑做出的重大战略部署，也是有世界意义的应对气候变化的庄严承诺。"双碳"目标倡导绿色、环保、低碳的生活方式，加快降低碳排放步伐，有利于引导绿色技术创新，提高产业和经济的全球竞争力。在各地的规划中，我国将持续推进产业结构和能源结构调整，大力发展可再生能源，在沙漠、戈壁、荒漠地区加快规划建设大型风电、光伏基地项目，努力兼顾经济发展和绿色转型同步进行。可以预见的是，"双碳"目标的提出将把我国的绿色发展之路提升到新的高度，成为我国未来数十年内社会经济发展的主基调之一。

第 3 章

变频自动控制系统

导读

变频器除单独使用外，多数情况是作为工业自动化控制系统的一个组成部分，只要将变频器和 PLC 配合使用就能实现变频调速的自动控制。PLC 和变频器连接应用时，可以采用开关指令信号的输入、模拟数值信号的输入以及 RS-485 通信方式这三种方式进行接口连接。由于涉及用弱电控制强电，需要注意连接时出现的干扰，避免由于干扰造成变频器的误动作，或者由于连接不当导致 PLC 或变频器的损坏。除此之外，本章还介绍了 MCGS 嵌入式一体化触摸屏的基本功能和主要特点，通过触摸屏、PLC 和变频器的综合控制，最终实现全自动变频控制。

3.1 变频 PLC 控制系统的硬件结构

3.1.1 变频 PLC 控制系统概况

在工业自动化控制系统中，最为常见的是变频器和 PLC 的组合应用，并且产生了多种多样的 PLC 控制变频器的方法，构成了不同类型的变频 PLC 控制系统。

PLC 是一种数字运算与操作的控制装置，它作为传统继电器的替代产品，广泛应用于工业控制的各个领域。由于 PLC 可以用软件来改变控制过程，并有体积小、组装灵活、编程简单、抗干扰能力强及可靠性高等特点，特别适用于恶劣环境下运行。由此可见，变频 PLC 控制系统在变频器相关的控制中属于最通用的一种控制系统，它通常由三部分组成，即变频器本体、PLC 部分、变频器与 PLC 的接口部分。

3.1.2 接口部分

变频 PLC 控制系统的硬件结构中最重要的就是接口部分，根据不同的信号连接，其接口部分也相应改变。接口部分主要有以下几种类型。

1. 开关指令信号的输入

变频器的输入信号中包括对运行/停止、正转/反转、微动等运行状态进行操作的开关型指令信号。变频器通常利用继电器接点或具有继电器接点开关特性的元器件（如晶体管）与 PLC 相连，得到运行状态指令，如图 3-1 所示。

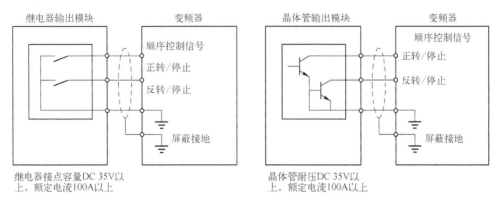

图 3-1　运行信号的连接方式

在使用继电器接点时，常常因为接触不良而带来误动作；使用晶体管进行连接时，则需考虑晶体管本身的电压、电流容量等因素，保证系统的可靠性。

在设计变频器的输入信号电路时还应该注意，当输入信号电路连接不当时有时也会造成变频器的误动作。例如，当输入信号电路采用继电器等感性负载时，继电器开闭产生的浪涌电流带来的噪声有可能引起变频器的误动作，应尽量避免。图 3-2 与图 3-3a 给出了正确与错误的接线例子。

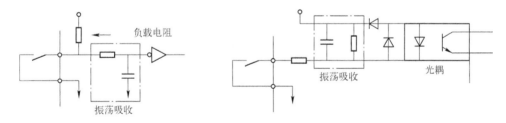

图 3-2　变频器输入信号接入方式

当输入开关信号进入变频器时，有时会发生外部电源和变频器控制电源（DC 24 V）之间的串扰。正确的连接是利用 PLC 电源，将外部晶体管的集电极经过二极管接到 PLC。如图 3-3b 所示。

2. 模拟数值信号的输入

变频器中也存在一些数值型（如频率、电压等）指令信号的输入，可分为数字输入和模拟输入两种。数字输入多采用变频器面板上的键盘操作和串行接口来给定；模拟输入则通过接线端子由外部给定，通常通过 0~10 V、0~5 V 的电压信号或 0~20 mA、4~20 mA 的电流信号输入。由于接口电路因输入信号而异，因此必须根据变频器的输入阻抗选择 PLC 的输出模块。

当变频器和 PLC 的电压信号范围不同时，如变频器的输入信号为 0~10 V，而 PLC 的输出电压信号范围为 0~5 V 时，或 PLC 一侧的输出信号电压范围为 0~10 V，而变频器的输入电压信号范围为 0~5V 时，由于变频器和晶体管的允许电压、电流等因素的限制，需用串联的方式接入限流电阻来使电降压，以保证进行开闭时不超过 PLC 和变频器相应的容量。此外，在连线时还应注意将布线分开，保证主电路一侧的噪声不传到控制电路。

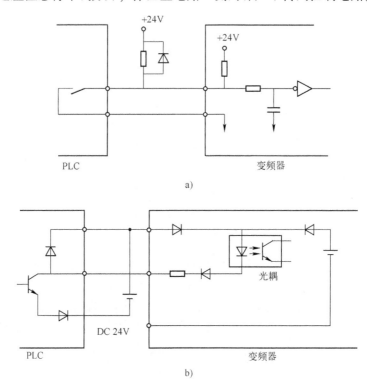

a)

b)

图 3-3 输入信号的错误接法和防干扰接法

a）输入信号的错误接法 b）输入信号防干扰的接法

通常变频器也通过接线端子向外部输出相应的监测模拟信号。电信号的范围通常为 0~10 V、0~5 V 及 0~20 mA、4~20 mA 电流信号。无论哪种情况，都应注意 PLC 一侧的输入阻抗的大小要保证电路中的电压和电流不超过电路的允许值，以保证系统的可靠性和减少误差。

模拟数值信号输入的优点是程序编制简单，调速曲线连续平滑、工作稳定。如图 3-4 所示为 PLC 的模拟量输出模块输出 0~5 V 电压信号或 4~20 mA 电流信号控制变频器的输出频率。缺点是在大规模生产线中，控制电缆较长，尤其是 D/A 模块采用电压信号输出时，线路上有较大的电压降，影响了系统的稳定性和可靠性。

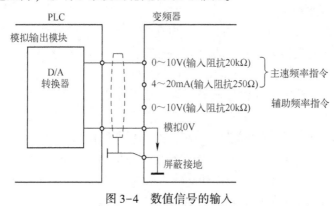

图 3-4 数值信号的输入

3. RS-485 通信方式

变频器与 PLC 之间通过 RS-485 通信方式实施控制的方案得到广泛的应用，它抗干扰能力强、传输速率高、传输距离远且造价低廉，如图 3-5 所示。

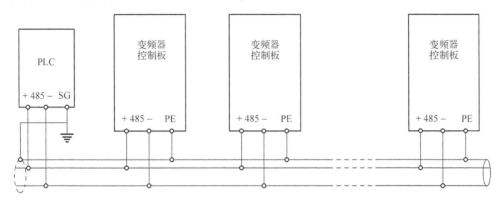

图 3-5　变频 PLC 控制系统的通信 RS-485 方式

RS-485 的通信必须解决数据编码、求取校验和、成帧、发送数据、接收数据的奇偶校验、超时处理和出错重发等一系列技术问题，一条简单的变频器操作指令，有时要编写数十条 PLC 梯形图指令才能实现，编程工作量大而且烦琐，令设计者望而生畏。

随着数字技术的发展和计算机日益广泛的应用，现在一个系统往往由多台计算机组成，需要解决多站、远距离通信的问题。在要求通信距离为几十米到上千米时，广泛采用 RS-485 收发器。RS-485 收发器采用平衡发送和差分接收，因此具有抑制共模干扰的能力，加上接收器具有高的灵敏度，能检测低达 200 mV 的电压，故传输信号能在千米以外得到恢复。使用 RS-485 总线，一对双绞线就能实现多站联网，构成分布式系统，设备简单、价格低廉以及能进行长距离通信的优点使其得到了广泛的应用。

变频 PLC 控制系统必须注意下述问题。

（1）RS-485 接地问题

仅仅用一对双绞线将各个接口的 A、B 端连接起来，而不对 RS-485 通信链路的信号接地，在某些情况下也可以工作，但给系统埋下了隐患。RS-485 接口采用差分方式传输信号并不需要对于某个参照点来检测信号系统，只需检测两线之间的电位差就可以了。但应该注意的是收发器只有在共模电压不超出一定范围（-7~+12 V）的条件下才能正常工作。当共模电压超出此范围，就会影响通信的可靠直至损坏接口。

（2）RS-485 的总线结构及传输距离

RS-485 支持半双工或全双工模式。网络拓扑一般采用终端匹配的总线型结构，不支持环形或星形网络，最好采用一条总线将各个节点串接起来。从总线到每个节点的引出线长度应尽量短，以便使引出线中的反射信号对总线信号的影响最低。在使用 RS-485 接口时，对于特定的传输线路，从发生器到负载其数据信号传输所允许的最大电缆长度是数据信号速率的函数，这个长度数据主要是受信号失真及噪声等影响。当数据信号速率降低到 90 kbit/s 以下时，假定最大允许的信号损失为 6 dB·V 时，则电缆长度被限制在 1200 m。实际上，在实用时是完全可以取得比它大的电缆长度。若使用不同线径的电缆，则取得的最大电缆长度是不相同的。

3.2 开关量与模拟量控制

3.2.1 三菱变频器与三菱 PLC 之间的连接

1. 变频器输出信号到 PLC 端

通常情况下，三菱 E700 变频器可以输出 RUN 信号到 PLC 端，此时变频器与 PLC 的连接分两种情况，即 PLC 为漏型时，如图 3-6 所示；PLC 为源型时，如图 3-7 所示。

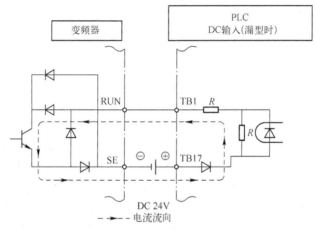

图 3-6 PLC 为漏型时的接线

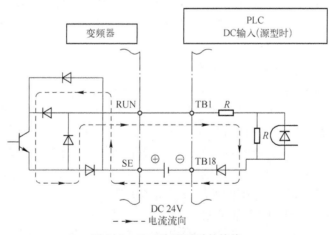

图 3-7 PLC 为源型时的接线

2. PLC 输出信号到变频器端

当 PLC（MR 型或 MT 型）的输出端、COM 端直接与变频器的 STF（正转起动）、RH（高速）、RM（中速）、RL（低速）、SD 等端口分别相连时，PLC 就可以通过程序控制变频器的起动、停止、复位，也可以控制变频器高速、中速、低速端子的不同组合，实现多段速度运行。此时，PLC 的开关输出量一般可以与变频器的开关量输入端直接相连。

（1）漏型逻辑

端子 PC 作为公共端端子时按图 3-8 所示进行接线。变频器的 SD 端子请勿与外部电源的 0V 端子连接。且把端子 PC-SD 间作为 DC 24 V 电源使用时，变频器的外部不可以设置并联的电源，因为有可能会因漏电流而导致误动作。

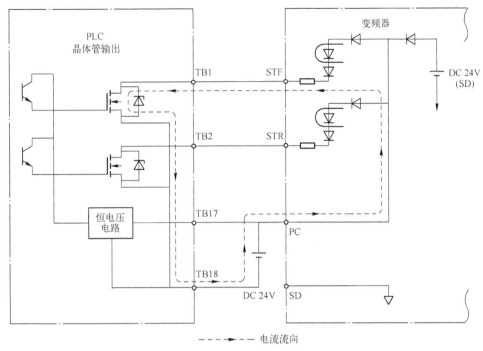

图 3-8 漏型逻辑

（2）源型逻辑

端子 SD 作为公共端端子时按图 3-9 所示进行接线。变频器的 PC 端子请勿与外部电源

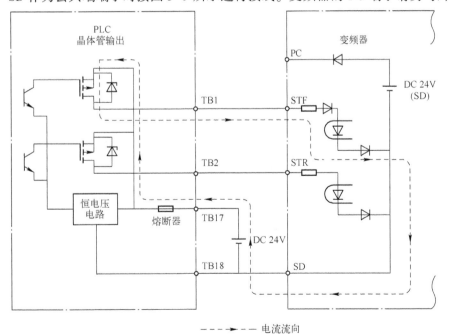

图 3-9 源型逻辑

的+24 V 端子连接。且把端子 PC-SD 间作为 DC 24 V 电源使用时，变频器的外部不可以设置并联的电源，因为有可能会因漏电流而导致误动作。

3.2.2 【实操任务 3-1】基于三菱 PLC 的变频器控制电动机正-停-反转

任务说明

通过外部端子控制电动机起动/停止、正转/反转，按下按钮"S1"电动机正转起动，按下按钮"S3"电动机停止，待电动机停止运转，按下按钮"S2"电动机反转。

实操任务 3-1

实操思路

1. 电气接线

按照图 3-10 所示的变频器外部接线图完成变频器与三菱 FX_{3U} PLC 的接线，认真检查，确保正确无误。

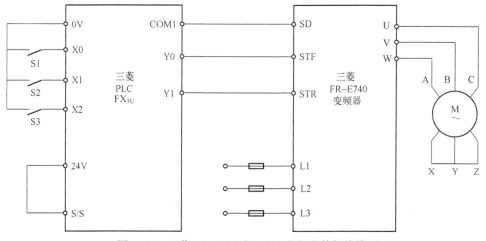

图 3-10 三菱 FX_{3U} PLC 与 E740 变频器外部接线

2. 参数设置

闭合电源开关，按照参数功能表正确设置变频器参数（表 3-1）。

表 3-1 参数功能表

序 号	变频器参数	出 厂 值	设 定 值	功 能 说 明
1	Pr. 1	50	50	上限频率（50 Hz）
2	Pr. 2	0	0	下限频率（0 Hz）
3	Pr. 7	5	10	加速时间（10 s）
4	Pr. 8	5	10	减速时间（10 s）
5	Pr. 9	0	1.0	电子过电流保护
6	Pr. 160	9999	0	扩展功能显示选择
7	Pr. 79	0	3	操作模式选择
8	Pr. 179	61	61	STR 反向起动信号

注：设置参数前先将变频器参数复位为工厂的默认设定值。

3. PLC 编程

按要求编写 PLC 控制程序。

4. 用旋钮设定变频器运行频率

1）闭合"S1"，观察并记录电动机的运转情况。

2）闭合"S3"，等电动机停止运转后，闭合"S2"，观察并记录电动机的运转情况。

5. 学习总结

1）总结使用变频器外部端子控制电动机点动运行的操作方法。

2）记录变频器与电动机控制电路的接线方法及注意事项。

3.2.3 【实操任务3-2】基于PLC与变频器的风机节能改造

任务说明

　　某公司有五台设备共用一台主电动机为 7.5kW 的吸尘风机，用来吸取电锯工作时产生的锯屑。不同设备对风量的需求区别不是很大，但设备运转时电锯并非一直工作，而是根据不同的工序投入运行。原方案是采用电位器调节风量，如果哪一台设备的电锯要工作时就按一下按钮，打开相应的风口，然后根据效果调节电位器以得到适当的风量。但工人在操作过程经常忘记操作，甚至直接将变频器的输出调节到 50Hz，造成资源的浪费和设备的损耗。现需要对该设备进行 PLC 改造，根据各个机台电锯工作的信息对投入工作的电锯台数进行判断，根据判断，相应的输出点动作控制变频器的多段速端子，实现五段速控制，具体见表3-2。

表3-2　运行电锯台数与变频器输出频率对应值

运行电锯台数	对应变频器输出频率/Hz	运行电锯台数	对应变频器输出频率/Hz
1	25	4	46
2	34	5	50
3	41		

　　请根据要求进行电气硬件设计、PLC 软件编程和变频器参数设置。

实操思路

1. 电气设计

　　PLC 采用三菱 FX_{3U}-32MR，在本案例中用电锯工作时控制接触器的一对辅助触点直接控制风口的阀门，一对辅助触点来作为 PLC 的输入，具体 PLC 接线如图 3-11 所示。图中，KM1~KM5 表示设备 1~5 的电锯工作信号，SB1 为启动按钮，SB2 为停止按钮。

2. 变频器参数设置

　　变频器选用 E700 系列的 7.5kW 变频器，根据多段速控制的需要和风机运行的特点，参数设置如下。

1）Pr.79＝2，为外部端子控制。

2）五段速设定，需要注意这些速度的组合，见表3-3。

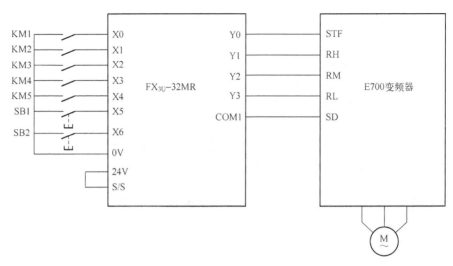

图 3-11　基于 PLC 与变频器的风机节能改造电气线路图

表 3-3　多段速端子和速度端组合表

速度段	1 速	2 速	3 速	4 速	5 速
控制端子	RL	RM	RH	RL，RM	RL，RH，RM
设定参数	Pr. 6 = 25 Hz	Pr. 5 = 34 Hz	Pr. 4 = 41 Hz	Pr. 24 = 46 Hz	Pr. 27 = 50 Hz

3. PLC 程序编制

程序编制如图 3-12 所示，具体解释如下。

1）按钮信号 X005 和 X006 用于变频器 STF 端子（Y000）的起动和停止。

2）设定一个速度值 D0，当其中检测到设备 1～5 的电锯工作信号 KM1～KM5（即 X000～X004）的上升沿信号时，就将 D0 数值+1；检测到该信号的下降沿信号时，就将 D0 数值-1。

3）将 D0 信号分解为速度 1～5，即变量 M0～M4。

4）最后将 M0～M4 的组合根据表 3-3 落实到输出 Y001～Y003。

图 3-12　基于 PLC 与变频器的风机节能改造 PLC 程序

图 3-12 基于 PLC 与变频器的风机节能改造 PLC 程序（续）

3.2.4 【实操任务 3-3】通过 FX$_{3U}$-3A-ADP 模块进行变频器的模拟量控制

 任务说明

某变频器 PLC 控制系统采用如图 3-13 所示的配置进行远程和本地控制，通过转换开关进行切换，其

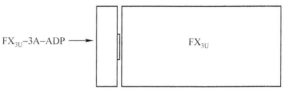

图 3-13 PLC 连线图

中本地为电位器模拟量控制，远程为上位机 4~20 mA 电流信号。请设计电气线路并编程。

 实操思路

1. 电气接线

FX$_{3U}$ PLC 的数字量输入/输出资源定义见表 3-4。

表 3-4 输入/输出资源定义

输 入	功 能	输 出	功 能
X0	起动按钮	Y0	STF
X1	停止按钮		
X2	选择开关（ON：选择电压信号；OFF：选择电流信号）		

FX$_{3U}$-3A-ADP 与外部模拟量信号、变频器的模拟量输入端子接线如图 3-14 所示。

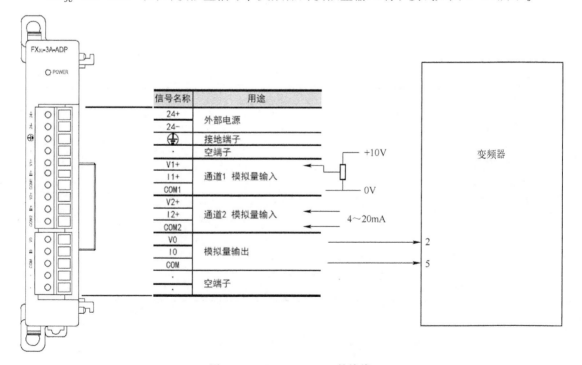

图 3-14 FX$_{3U}$-3A-ADP 的接线

2. 变频器参数设置

Pr. 79＝2；Pr. 73＝0（端子 2 输入 0~10 V）。

3. 程序编写

如图 3-14 所示，FX$_{3U}$ 可编程控制器上连接了 FX$_{3U}$-3A-ADP，请设定第 1 台的输入通道 1 为电压输入、输入通道 2 为电流输入，并将它们的 A/D 转换值分别保存在 D100、D101 中；设定输出通道为电压输出，并将 D/A 转换输出的数字值设定为 D0。

根据 FX$_{3U}$-3A-ADP 的软元件特性进行编程，如图 3-15 所示。

```
   M8000
0  ┤├─┬─────────────────────────────────────[ RST   M8260 ]
     │
     ├─────────────────────────────────────[ RST   M8261 ]
     │
     ├─────────────────────────────────────[ RST   M8262 ]
     │
     ├─────────────────────────────────────[ RST   M8267 ]
     │
     ├─────────────────────────────────────[ RST   M8268 ]
     │
     └─────────────────────────────────────[ RST   M8269 ]

   M8000
13 ┤├──────────────────────────────[ MOV   K1     D8264 ]

   M8000
19 ┤├─┬──────────────────────────[ MOV   D8260   D100 ]
     │
     ├──────────────────────────[ MOV   D8261   D101 ]
     │
   X002
     ├┤├────────────────────────[ MOV   D100    D8262 ]
     │
   X002
     └┤/├───────────────────────[ MOV   D101    D8262 ]

   X000  X001
44 ┤├───┤/├────────────────────────────────────(Y000 )
   Y000
   ┤├

48 ─────────────────────────────────────────────[END ]
```

图 3-15 模拟量程序

3.2.5 【实操任务 3-4】基于三菱 PLC 控制工频/变频切换

任务说明

一台电动机变频运行，当频率上升到 50 Hz（工频）并保持长时间运行时，应将电动机切换到工频电网供电，让变频器休息或另作他用；另一种情况是当变频器发生故障时，则需将其自动切换到工频运行，同时进行声光报警。

实操思路

1. 电路图设计

三菱 PLC I/O 口分配如表 3-5 所示。

表 3-5 三菱 PLC I/O 口分配

输　入	功　能	输　出	功　能
X0	工频运行方式 SA2	Y0	接通电源至变频器 KM1
X1	变频运行方式 SA2	Y1	电动机接至变频器 KM2
X2	工频起动、变频通电 SB1	Y2	电源直接接至电动机 KM3
X3	工频、变频断电 SB2	Y3	变频器运行 KA1
X4	变频运行 SB3	Y4	声音报警 HA
X5	变频停止 SB4	Y5	灯光报警 HL
X6	复位 SB5	Y6	变频器复位 KA2
X7	过热保护		
X10	声光报警		

如图 3-16 所示为基于三菱 PLC 与变频器的工频/变频切换电路图。

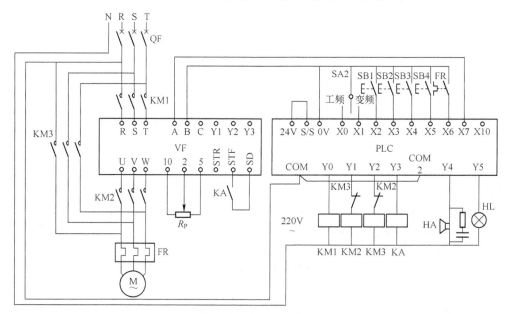

图 3-16　基于三菱 PLC 与变频器的工频/变频切换电路图

2. 工作原理

（1）工频运行段

1）将选择开关 SA2 旋至"工频运行位"，使输入继电器 X0 动作，为工频运行做好准备。

2）按启动按钮 SB1，输入继电器 X2 动作，使输出继电器 Y2 动作并保持，从而接触器 KM3 动作，电动机在工频电压下起动并运行。

3）按停止按钮 SB2，输入继电器 X3 动作，使输出继电器 Y2 复位，而接触器 KM3 失电，电动机停止运行。

注意：如果电动机过载，热继电器触点 FR 闭合，输出继电器 Y2、接触器 KM3 相继复位，电动机停止运行。

（2）变频通电段

1）首先将选择开关 SA2 旋至"变频运行"位，使输入 X1 动作，为变频运行做好准备。

2）按下 SB1，输入 X2 动作，使输出 Y1 动作并保持。一方面使接触器 KM2 动作，电动机接至变频器输出端；另一方面，又使输出 Y0 动作，从而接触器 KM1 动作，使变频器接通电源。

3）按下 SB2，输入 X3 动作，在输出 Y3 未动作或已复位的前提下，使输出 Y1 复位，接触器 KM2 复位，切断电动机与变频器之间的联系。同时，输出 Y0 与接触器 KM1 也相继复位，切断变频器的电源。

（3）变频运行段

1）按下 SB3，输入 X4 动作，在 Y0 已经动作的前提下，输出 Y3 动作并保持，继电器 KA 动作，变频器的 STF 接通，电动机升速并运行。同时，输出 Y3 的常闭触点使停止按钮 SB2 暂时不起作用，防止在电动机运行状态下直接切断变频器的电源。

2）按下 SB4，输入 X5 动作，输出 Y3 复位，继电器 KA 失电，变频器的 STF 断开，电动机开始降速并停止。

（4）变频器跳闸段

如果变频器因故障而跳闸，则输入 X7 动作，一方面输出 Y1 和 Y3 复位，从而输出 Y0、接触器 KM2 和 KM1、继电器 KA 也相继复位，变频器停止工作；另一方面，输出 Y4 和 Y5 动作并保持，蜂鸣器 HA 和指示灯 HL 工作，进行声光报警。同时，在输出 Y1 已经复位的情况下，时间继电器 T1 开始计时，其常开触点延时后闭合，使输出 Y2 动作并保持，电动机进入工频运行状态。

（5）故障处理段

报警后，操作人员应立即将 SA2 旋至"工频运行"位。这时，输入继电器 X0 动作，一方面使控制系统正式转入工频运行方式，另一方面使输出 Y4 和 Y5 复位，停止声光报警。

3. 变频器参数输入

变频器参数可根据电动机的铭牌规定设定。按照控制要求输入保护参数以及上限、下限频率等。

4. 梯形图

图 3-17 所示为梯形图，其控制逻辑按照如下进行。

工频起动（通电）→工频停止（断电）→变频起动→变频通电→变频断电→变频运行→变频停止→变频故障报警→变频、工频延时切换→故障复位。

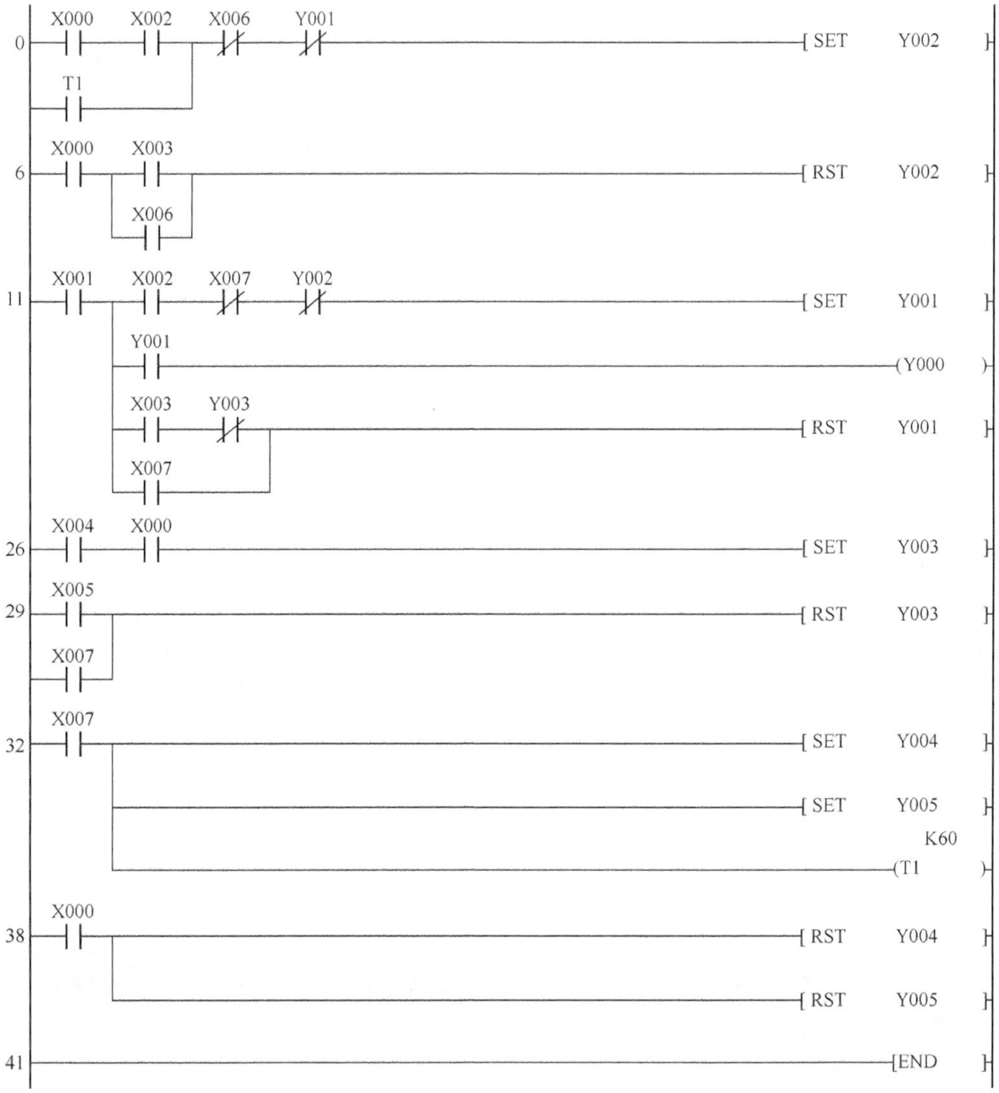

图 3-17　基于三菱 PLC 工频/变频切换程序

3.3　通　信　控　制

3.3.1　变频器通信指令概述

变频器通信指令见表 3-6，共包括 IVCK 变换器的运转监视、IVDR 变频器的运行控制、IVRD 变频器的参数读取、IVWR 变频器的参数写入、IVBWR 变频器的参数成批写入以及 IVMC 变频器的多个命令。

表 3-6　变频器通信指令

指令记号	符　号	功　能
IVCK	⊢⊢ IVCK S1 S2 D n ⊢	变换器的运转监视
IVDR	⊢⊢ IVDR S1 S2 S3 n ⊢	变频器的运行控制
IVRD	⊢⊢ IVRD S1 S2 D n ⊢	变频器的参数读取
IVWR	⊢⊢ IVWR S1 S2 S3 n ⊢	变频器的参数写入
IVBWR	⊢⊢ IVBWR S1 S2 S3 n ⊢	变频器的参数成批写入
IVMC	⊢⊢ IVMC S1 S2 S3 D n ⊢	变频器的多个命令

在表 3-6 所示的指令格式中，共同的操作数说明如下：［S1］为变频器的站号（K0～K31），［S2］为变频器的指令代码或参数编号，［D］为保存读出值的软元件编号，［n］为使用的通道（K1：通道 1，K2：通道 2）。

在变频器通信指令运用时，会出现相关的软元件变化，具体见表 3-7。其中 M8063、M8438、D8063、D8438、D8150、D8155 软元件在电源从 OFF 变为 ON 时清除；M8152、M8157、M8153、M8158、M8154、M8159、D8152、D8157、D8153、D8158、D8154、D8159 软元件在 STOP→RUN 时清除，其中 D 数据寄存器的初始值为 "-1"。

表 3-7　通信运行时的软元件变化

编　号		内　容	编　号		内　容
通道 1	通道 2		通道 1	通道 2	
M8029		指令执行结束	D8063	D8438	串行通信错误代码
M8063	M8438	串行通信错误	D8150	D8155	变频器通信响应等待时间
M8151	M8156	变频器通信中	D8151	D8156	变频器通信中的步编号
M8152	M8157	变频器通信错误	D8152	D8157	变频器通信错误代码
M8153	M8158	变频器通信错误锁定	D8153	D8158	发生变频器通信错误的步
M8154	M8159	IVBWR 指令错误	D8154	D8159	IVBWR 指令错误的参数编号

3.3.2　通信指令详解

1. IVCK 指令

IVCK 指令即 INVERTER CHECK，它是使用变频器一侧的计算机链接运行功能，在 PLC 中读出变频器运行状态。

其指令格式如下：

表示针对通信口 n 上连接的变频器的站号 $(S_1 \cdot)$，根据 $(S_2 \cdot)$ 的指令将相应的变频器运行状态读出到 $(D \cdot)$ 中。其中 $(S_2 \cdot)$ 所涉及的变频器的常用指令代码及其功能见表 3-8。

表 3-8　IVCK 指令代码及其功能

变频器的指令代码	读出的内容	适用的变频器				
		F700, EJ700, A700, E700, D700, IS70, F800, A800	V500	F500, A500	E500	S500
H7B	运行模式	○	○	○	○	○
H6F	输出频率［速度］	○	●[①]	○	○	○
H70	输出电流	○	○	○	○	○
H71	输出电压	○	○	○	○	—
H72	特殊监控	○	○	○	—	—
H73	特殊监控选择号	○	○	○	—	—
H74	故障内容	○	○	○	○	○
H75	故障内容	○	○	○	○	○
H76	故障内容	○	○	○	○	—
H77	故障内容	○	○	○	○	—
H79	变频器状态监控（扩展）	○	—	—	—	—
H7A	变频器状态监控	○	○	○	○	○
H6E	读取设定频率（E2PROM）	○	●[①]	○	○	○
H6D	读取设定频率（RAM）	○	●[①]	○	○	○

注：是指进行频率读出时，请在执行 IVCK 指令前向指令代码 HFF（链接参数的扩展设定）中写入"0"。没有写入"0"时，频率可能无法正常读出。

2. IVDR 指令

IVDR 指令即 INVERTER DRIVE，通过 PLC 写入变频器运行所需的控制值。

其指令格式如下：

| 指令输入 | FNC 271 IVDR | $(S_1 \cdot)$ | $(S_2 \cdot)$ | $(S_3 \cdot)$ | n |

表示针对连接在通信口 n 上的站号 $(S_1 \cdot)$ 变频器，根据表 3-9 所示的 $(S_2 \cdot)$ 指令代码写入控制值 $(S_3 \cdot)$。

表 3-9　IVDR 指令代码及其功能

变频器的指令代码	写入的内容	适用的变频器			
		F700, EJ700, A700, E700, D700, IS70, F800, A800	V500	F500, A500	E500, S500
HFB	运行模式	○	○	○	○
HF3	特殊监示的选择号	○	○	○	—
HF9	运行指令（扩展）	○	—	—	—
HFA	运行指令	○	○	○	○
HEE	写入设定频率（EEPROM）	○	○	○	○
HED	写入设定频率（RAM）	○	○	○	○

（续）

变频器的指令代码	写入的内容	适用的变频器			
		F700, EJ700, A700, E700, D700, IS70, F800, A800	V500	F500, A500	E500, S500
HFD	变频器复位	○	○	○	○
HF4	故障内容的成批清除	○	—	○	○
HFC	参数的全部清除	○	○	○	○
HFC	用户清除	○	—	○	—
HFF	链接参数的扩展设定	○	○	○	○

需要注意的是，由于变频器不会对指令代码HFD（变频器复位）给出响应，所以即使对没有连接变频器的站号执行变频器复位，也不会报错。此外，变频器的复位到指令执行结束需要约2.2s。进行变频器复位时，请在IVDR指令的操作数［S3］中指定H9696，而不要使用H9966。

在使用HEE和HED指令进行频率读出时，请在执行IVDR指令前向指令代码HFF（链接参数的扩展设定）中写入"0"。没有写入"0"时，频率可能无法正常读出。

3. IVRD 指令

IVRD指令即INVERTER READ，是在PLC中读出变频器参数的指令。

其指令格式如下：

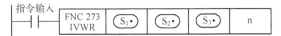

表示从通信口 n 上连接的站号S_1变频器中，将参数S_2的值读出到D中。

4. IVWR 指令

IVWR指令即INVERTER WRITE，是写入变频器参数的指令。

其指令格式如下：

表示向通信口 n 上连接的站号S_1变频器的参数S_2中，写入S_3的值。

使用IVWR指令时，一旦在变频器一侧使用密码功能时，就需要注意以下两点。

（1）发生通信错误时

变频器通信指令发生通信错误时，FX可编程序控制器以3次为限自动重试。因此，对于启用Pr297的"密码解除错误的次数显示"的变频器，当发生密码解除错误时，Pr.297的密码解除错误次数可能和实际密码错误输入的次数不一致。此外，对Pr.297进行写入时，请不要通过顺控程序执行自动重试（变频器指令的再驱动）。

变频器通信指令发生密码解除错误的情况，以及此时的实际解除错误次数计算如下。

① 由于密码输入错误等原因，将错误的密码写入Pr.297时，执行了1次写入指令，而密码的解除错误次数变成3次。

② 由于噪声等原因，未能向Pr.297正确写入密码时，密码的解除错误次数最多为3次。

（2）登录密码时

变频器通信指令中，向变频器登录密码时，将密码写入 Pr. 297 后，请重新读取 Pr. 297，确认密码的登录是否正常结束。由于噪声等原因，未能正常向 Pr. 297 完成写入时，FX 可编程序控制器可能自动重试，并因此将登录的密码解除。最多可以进行 3 次通信，包括初次通信和 2 次重试。

当启用 Pr. 297 的"密码解除错误的次数显示"时，密码解除错误次数到达 5 次后，即使输入正确密码，也不能解除读出/写入限制。

5. IVBWR 指令

IVBWR 指令即 INVERTER BLOCK WRITE，是成批写入变频器参数的指令。

其指令格式如下：

针对通信口 n 上连接的站号 $\widehat{S_1\cdot}$ 变频器，将表 3-10 所指定的数据表格（参数编号和设定值）成批写入到变频器中。

表 3-10 数据表格

软 元 件	写入的参数编号及设定值	
$\widehat{S_3\cdot}$	第 1 个	参数编号
$\widehat{S_3\cdot}$+1		设定值
$\widehat{S_3\cdot}$+2	第 2 个	参数编号
$\widehat{S_3\cdot}$+3		设定值
⋮	⋮	⋮
$\widehat{S_3\cdot}$+2 $\widehat{S_2\cdot}$-4	第 $\widehat{S_2\cdot}$-1 个	参数编号
$\widehat{S_3\cdot}$+2 $\widehat{S_2\cdot}$-3		设定值
$\widehat{S_3\cdot}$+2 $\widehat{S_2\cdot}$-2	第 $\widehat{S_2\cdot}$ 个	参数编号
$\widehat{S_3\cdot}$+2 $\widehat{S_2\cdot}$-1		设定值

6. IVMC 指令

IVMC 指令即 INVERTER MULTI COMMAND，为向变频器写入两种设定（运行指令和设定频率）时，同时执行两种数据（变频器状态监控和输出频率等）读取的指令。

其指令格式如下：

表示对通信口 n 上连接的站号 $\widehat{S_1\cdot}$ 变频器执行变频器运行指令和设定频率等命令，其中，$\widehat{S_2\cdot}$ 为收发数据类型，$\widehat{S_3\cdot}$ 为向变频器写入数据的起始软元件，$\widehat{D\cdot}$ 为从变频器读取值的起始软元件，见表 3-11。

表 3-11　收发数据类型

(S2·)收发数据类型 (16进制)	发送数据（向变频器写入内容）		接收数据（从变频器读出内容）	
	数据1（(S3·)）	数据2（(S3·)+1）	数据1（(D·)）	数据2（(D·)+1）
H0000	运行指令（扩展）	设定频率（RAM）	变频器状态监控（扩展）	输出频率（转速）
H0001				特殊监控
H0010		设定频率（RAM，EEPROM）		输出频率（转速）
H0011				特殊监控

3.3.3　【实操任务 3-5】三菱 FX$_{3U}$通过通信控制 E700 变频器

任务说明

采用三菱 FX$_{3U}$-64MR 通过通信控制 E700 变频器，要求如下。

1）能通过设置在 PLC 中的数据来自由设置变频器运行频率。

2）能通过按钮正向起动、反向起动和停止。

3）能获取变频器的实际运行频率，并保存在 PLC 的数据中。

实操思路

1. 完成变频器与 PLC 的接线

图 3-18 所示为三菱 E700 PU 接口的引脚图，包含了对应的引脚说明。

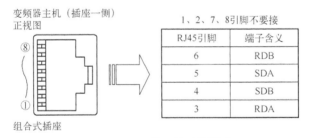

图 3-18　PU 接口的引脚说明

图 3-19 所示为 PLC 与变频器的通信接线，其中 PLC 需要通过安装 FX$_{3U}$-485ADP 来完成。图 3-20 中，R_1 为终端电阻 110 Ω，通过 FX$_{3U}$-485ADP 内开关设置（图 3-21 所示）；R_2 为终端电阻 100 Ω，需要用户自己安装。

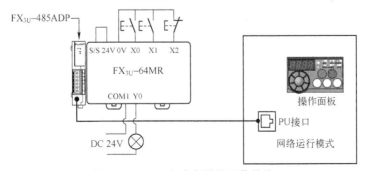

图 3-19　PLC 与变频器的通信接线

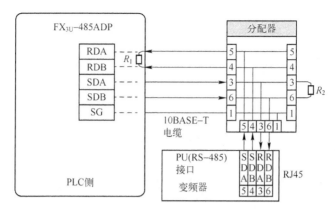

图 3-20   变频器与 FX$_{3U}$-485ADP 的通信接线

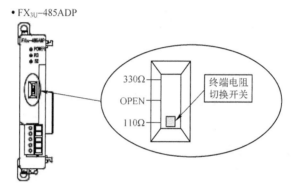

图 3-21   终端电阻切换开关

2. 变频器通信参数设置

表 3-12 所示为变频器通信参数设置，主要涉及站号（Pr. 117），通信速率（即波特，Pr. 118），数据位（Pr. 119），奇偶校验（Pr. 120），重试次数（Pr. 121），通信检测间隔时间（Pr. 122），数据格式（Pr. 124），以及变频器频率指令和起动指令（Pr. 338、Pr. 340、Pr. 79）。变频器参数设好后，需要重新断电一次后再上电。

表 3-12   变频器通信参数设置

参 数 设 置	含 义
Pr. 160 = 0	显示变频所有参数
Pr. 117 = 1	变频站号为 1，多台变频情况下，请设置不同站号
Pr. 118 = 192	波特 19200 bit/s
Pr. 119 = 10	数据位长 7，停止位 1
Pr. 120 = 2	偶数
Pr. 121 = 5	PU 通信重试次数
Pr. 122 = 2.0	PU 通信检测间隔时间
Pr. 124 = 1	格式 1，CR 有，LF 无
Pr. 338 = 0	变频运行指令权（如正反转）由通信控制
Pr. 340 = 1	网络模式
Pr. 79 = 2	外部控制及网络模式

3. FX₃ᵤ的 PLC 参数设置

在编程软件 GX Works2 中，进行如图 3-22 所示的 FX₃ᵤ PLC 参数设置。

具体设置为：协议→无顺序通信；数据长度→7bit；奇偶校验→偶数；停止位→1 bit；传送速度→19200 bit/s；H/W 类型→RS-485；传送控制步骤→格式 1（无 CR，LF）；站号设置→00H；超时判定时间→1×10 ms。

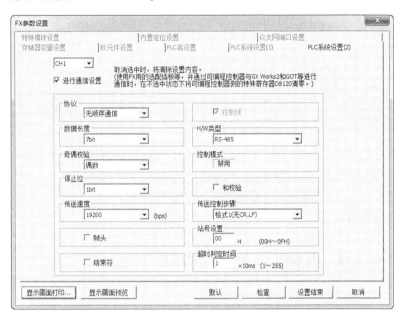

图 3-22　FX 参数设置

4. 程序编制

编制程序如图 3-23 所示。向 FX₃ᵤ PLC 写入程序后，选用断电再上电一次。

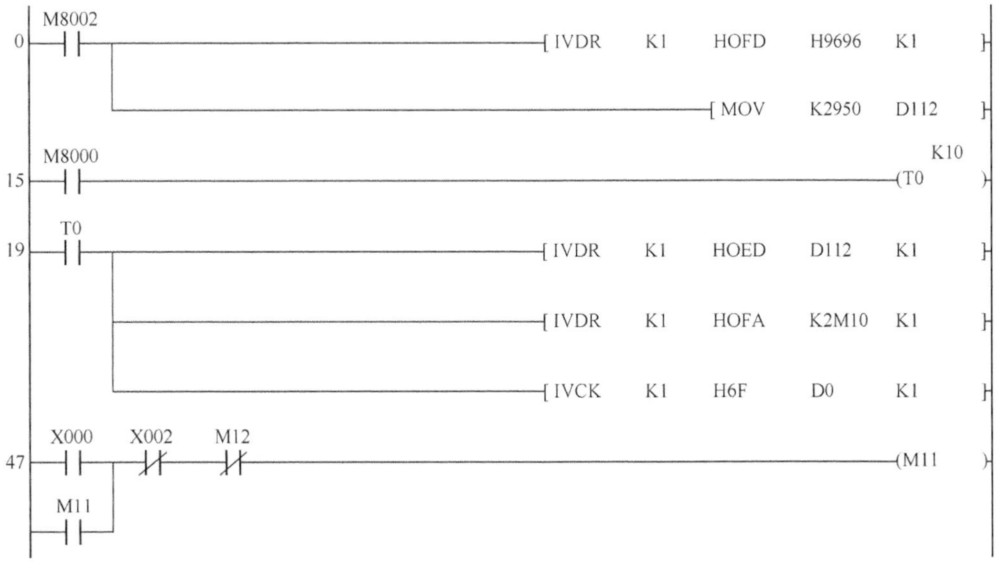

图 3-23　梯形图参考程序

```
       M8152
52     ─┤├─                                                          ─(Y000    )
       X001    X002    M11
54     ─┤├──────┤/├──────┤/├─                                        ─(M12     )
       M12
       ─┤├─

59                                                                   ─[END
```

图 3-23 梯形图参考程序（续）

程序解释如下。

1）上电初始化 M8002＝ON 时，在 IVDR 指令的操作数〔S3〕中指定 H9696 进行复位，并置变频器的运行频率为 D112＝29.50 Hz。

2）确保上电后维持一定的时间（这里为 1 s），然后用 IVDR 进行写入频率 D112 和启动指令（K2M10，即 M10~M17），并用 IVCK 读出当前运行频率值到 D0。

3）用启动正转 X0、反转 X1 和停止按钮 X2 来完成 M11 和 M12 指令。

4）变频器通信错误寄存器 M8152 与输出 Y0 相连。

3.4 变频器、PLC 和触摸屏之间的控制

3.4.1 触摸屏 TPC7062K 概述

触摸屏 TPC7062K 具有如下特点。

1）高清：800×480 分辨率，体验精致、自然、通透的高清盛宴。

2）真彩：65535 色数字真彩，丰富的图形库，享受顶级震撼画质。

3）可靠：抗干扰性能达到工业Ⅲ级标准，采用 LED 背光永不黑屏。

4）配置：ARM9 内核，400 M 主频，64 M 内存，128 M 存储空间。

5）软件：MCGS 全功能组态软件，支持 U 盘备份恢复，功能更强大。

6）环保：低功耗，整机功耗仅 6 W，发展绿色工业，倡导能源节约。

7）时尚：7″宽屏显示，超轻、超薄机身设计，引领简约时尚。

TPC7062K 外部接口示意及对应表如图 3-24 所示，串口引脚定义对应表如图 3-25 所示。

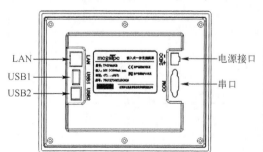

项目	TPC7062K
LAN(RJ45)	以太网接口
串口(DB9)	1×RS-232，1×RS-485
USB1	主口，USB1.1兼容
USB2	从口，用于下载工程
电源接口	DC-24V ±20%

图 3-24 TPC7062K 外部接口示意及对应表

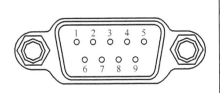

接口	PIN	引脚定义
COM1	2	RS-232 RXD
	3	RS-232 TXD
	5	GND
COM2	7	RS-485+
	8	RS-485-

图3-25 串口引脚定义对应表

当RS-485通信距离>20m，且出现通信干扰现象时，才考虑对终端匹配电阻进行设置。

3.4.2 认识MCGS嵌入版

1. MCGS嵌入版组态软件的主要功能

1）简单灵活的可视化操作界面：采用全中文、可视化的开发界面。

2）实时性强、有良好的并行处理性能：是真正的32位系统，以线程为单位对任务进行分时并行处理。

3）丰富、生动的多媒体画面：以图像、图符、报表及曲线等多种形式，为操作员及时提供相关信息。

4）完善的安全机制：提供了良好的安全机制，可以为多个不同级别用户设定不同的操作权限。

5）强大的网络功能：具有强大的网络通信功能。

6）多样化的报警功能：提供多种不同的报警方式，具有丰富的报警类型，方便用户进行报警设置。

7）支持多种硬件设备。

总之，MCGS嵌入版组态软件具有与通用组态软件一样强大的功能，并且操作简单，易学易用。

2. MCGS嵌入版组态软件的组成

MCGS嵌入版生成的用户应用系统，由主控窗口、设备窗口、用户窗口、实时数据库和运行策略五个部分构成，如图3-26所示。

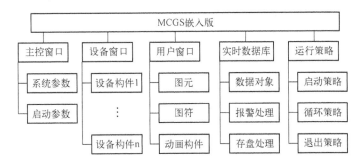

图3-26 MCGS嵌入版组态软件的组成框图

主控窗口确定了工业控制中工程作业的总体轮廓，以及运行流程、特性参数和启动特性等项内容，是应用系统的主框架；设备窗口专门用来放置不同类型和功能的设备构件，实现对外部设备的操作和控制。设备窗口通过设备构件把外部设备的数据采集进来，送入实时数据库，或把实时数据库中的数据输出到外部设备；用户窗口中可以放置三种不同类型的图形对象：图元、图符和动画构件。通过在用户窗口内放置不同的图形对象，用户可以构造各种复杂的图形界面，用不同的方式实现数据和流程的"可视化"；实时数据库相当于一个数据处理中心，同时也起到公共数据交换区的作用。从外部设备采集来的实时数据送入实时数据库，系统其他部分操作的数据也来自实时数据库；运行策略本身是系统提供的一个框架，其里面放置由策略条件构件和策略构件组成的"策略行"，通过对运行策略的定义，使系统能够按照设定的顺序和条件操作任务，实现对外部设备工作过程的精确控制。

3. TPC7062K 与 PLC 的接线

（1）PLC 与 TPC7062K 通信方式

TPC7062K 与主流 PLC 均可以通信，其中与三菱 FX 系列通信接线方式如图 3-27 所示。

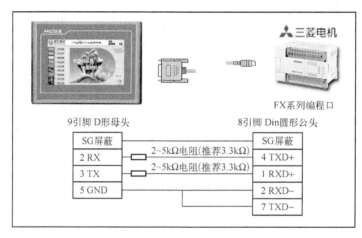

图 3-27　三菱 FX 与 TPC7062K 接线方式

（2）连接 TPC7062K 和 PC

如图 3-28 所示，将普通的 USB 线，扁平接口一端插到电脑的 USB 口，微型接口一端插到 TPC 端的 USB2 口。

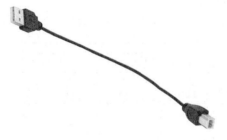

图 3-28　USB 线实物图

（3）工程下载

单击工具条中的"下载" 按钮，进行下载配置（图 3-29）。选择"连机运行"，连接方式选择"USB 通信"，然后单击"通信测试"按钮，通信测试正常后，单击"工程下载"。

图 3-29　工程下载示意图

3.4.3　触摸屏与三菱 FX PLC 的工程应用

双击 Windows 操作系统桌面上的组态环境快捷方式 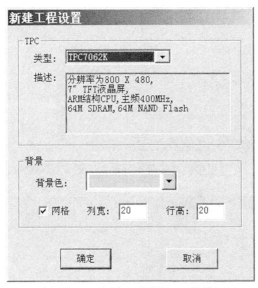（此处为小图标），可打开嵌入版组态软件，然后按如下步骤建立通信工程。

1）单击文件菜单中"新建工程"选项，弹出"新建工程设置"对话框，如图 3-30 所示，TPC 类型选择为"TPC7062K"，单击"确认"按钮。

2）选择文件菜单中的"工程另存为"菜单项，弹出文件保存窗口。

3）在文件名一栏内输入"TPC 通信控制工程"，单击"保存"按钮，工程创建完毕。

图 3-30　"新建工程设置"对话框

这里通过实例介绍 MCGS 嵌入版组态软件中建立同三菱 FX 系列 PLC 编程口通信的步骤，实际操作地址是三菱 PLC 中的 Y0、Y1、Y2、D0 和 D2。

1. 设备组态

1）在工作台中激活设备窗口，鼠标双击![设备窗口]进入设备组态画面，单击工具条中的![图标]打开"设备工具箱"，如图 3-31 所示。

图 3-31　设备组态窗口设置

2）在设备工具箱中，按先后顺序双击"通用串口父设备"和"三菱_FX 系列编程口"，并将其添加到组态画面，如图 3-32 所示。当出现提示"是否使用三菱 FX 系列编程口驱动的默认通讯参数设置串口父设备参数？"时，如图 3-33 所示，选择"是"即可。

所有操作完成后关闭设备窗口，返回工作台。

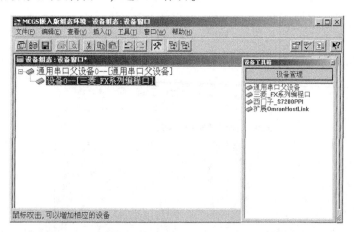

图 3-32　"通用串口父设备"和"三菱_FX 系列编程口"

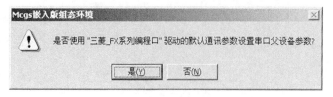

图 3-33　提示窗口

2. 窗口组态

1）在工作台中激活用户窗口，鼠标单击"新建窗口"按钮，建立新画面"窗口0"，如图3-34所示。

2）接下来单击"窗口属性"按钮，弹出"用户窗口属性设置"对话框，在基本属性页，将"窗口名称"修改为"三菱FX控制画面"，单击"确认"按钮进行保存，如图3-35所示。

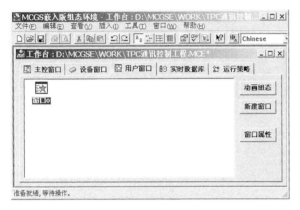

图3-34 建立新画面"窗口0"

图3-35 "三菱FX控制画面"建立

3）在用户窗口双击 进入"动画组态三菱FX控制画面"，单击 打开"工具箱"备用。

4）建立基本对象。

① 按钮：从工具箱中单击选中"标准按钮"构件，在窗口编辑位置按住鼠标左键，拖放出一定大小后，松开鼠标左键，这样一个按钮构件就绘制在了窗口画面中，如图3-36所示。

接下来双击该按钮打开"标准按钮构件属性设置"对话框，在基本属性页中将"文本"修改为"Y0"，单击"确认"按钮保存，如图3-37所示。

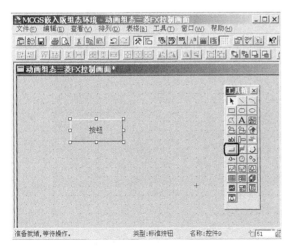

图3-36 按钮绘制

图3-37 "标准按钮构件属性设置"对话框

按照同样的操作分别绘制另外两个按钮，文本修改为"Y1"和"Y2"，完成后如图 3-38 所示。按住键盘的〈Ctrl〉键，然后单击鼠标左键，同时选中三个按钮，使用工具栏中的等高宽、左（右）对齐和纵向等间距对三个按钮进行排列对齐。如图 3-39 所示。

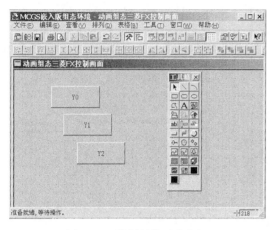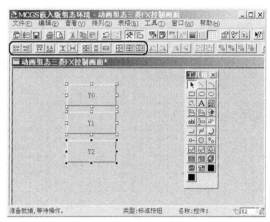

图 3-38　绘制另外两个按钮　　　　　　图 3-39　三个按钮进行排列对齐

② 指示灯：单击工具箱中的"插入元件"按钮，打开"对象元件库管理"对话框，选中图形对象库指示灯中的一款，单击"确认"按钮添加到窗口画面中，并调整到合适大小。用同样的方法再添加两个指示灯，摆放在窗口中按钮旁边的位置，如图 3-40 所示。

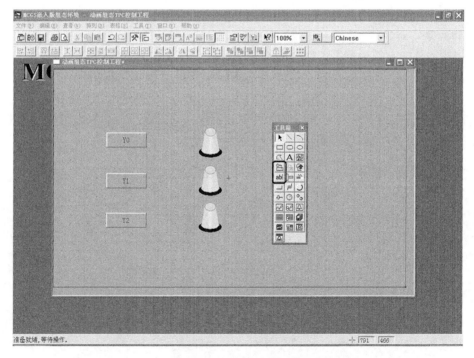

图 3-40　添加三个指示灯

③ 标签：单击工具箱中的"标签"构件，在窗口按住鼠标左键，拖放出一定大小的"标签"，如图 3-41 所示。双击进入该标签，弹出"标签动画组态属性设置"对话框，在扩

展属性页的"文本内容输入"中输入 D0，单击"确认"按钮。同样的方法，添加另一个标签，文本内容输入"D1"，如图 3-42 所示。

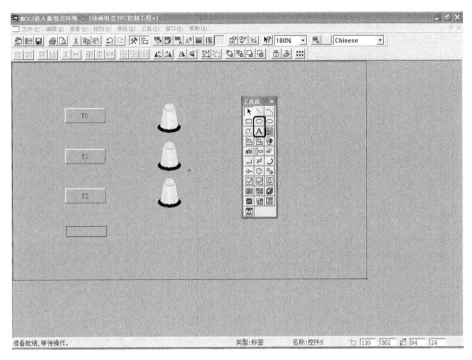

图 3-41 "标签"绘制

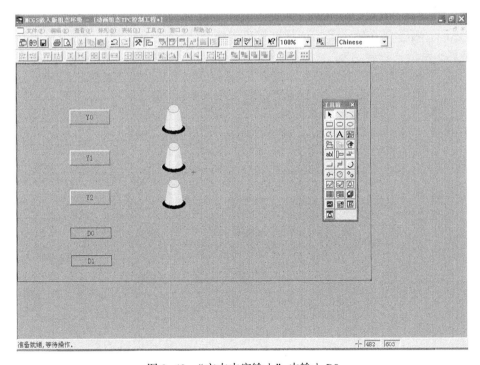

图 3-42 "文本内容输入"中输入 D0

④ 输入框：单击工具箱中的"输入框"构件，在窗口按住鼠标左键，拖放出两个一定大小的"输入框"，分别摆放在 D0、D1 标签旁边，如图 3-43 所示。

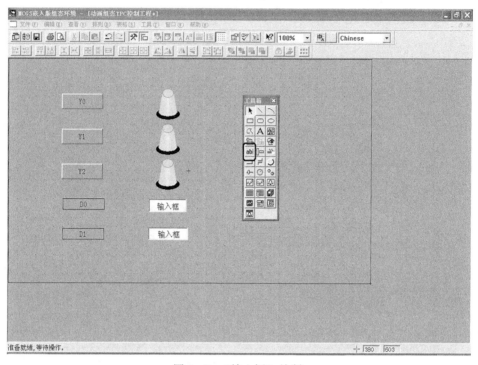

图 3-43　"输入框"绘制

3. 建立数据链接

① 按钮：双击 Y0 按钮，弹出"标准按钮构件属性设置"对话框，如图 3-44 所示，在操作属性页，默认"抬起功能"按钮为按下状态，勾选"数据对象值操作"，选择"清 0"操作。

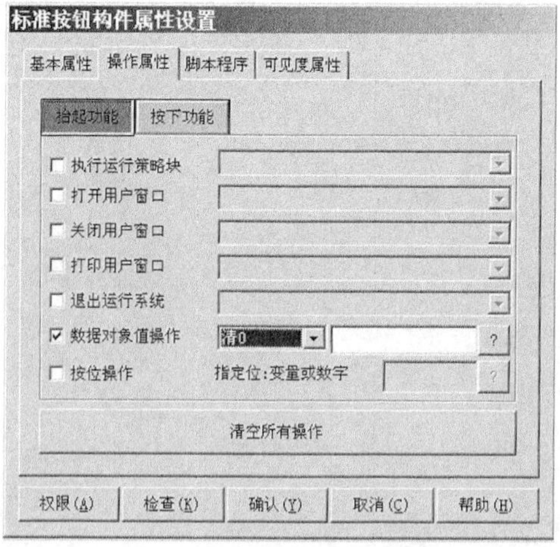

图 3-44　"标准按钮构件属性设置"对话框

单击 ? 弹出"变量选择"对话框，选择"根据采集信息生成"，通道类型选择"Y 输出寄存器"，通道地址为"0"，读写类型选择"读写"。如图 3-45 所示，设置完成后单击

"确认"按钮。

图 3-45 "变量选择"对话框

在 Y0 按钮抬起时,对三菱 FX 的 Y0 地址"清 0",如图 3-46 所示。

用同样的方法,单击"按下功能"按钮,进行设置,选择"数据对象值操作"→"置 1"→"设备 0_读写 Y0000",如图 3-47 所示。

用同样的方法,分别对 Y1 和 Y2 的按钮进行设置。

Y1 按钮:"抬起功能"时"清 0";"按下功能"时"置 1"→"变量选择"→"Y 输出寄存器",通道地址为"1"。

Y2 按钮:"抬起功能"时"清 0";"按下功能"时"置 1"→"变量选择"→"Y 输出寄存器",通道地址为"2"。

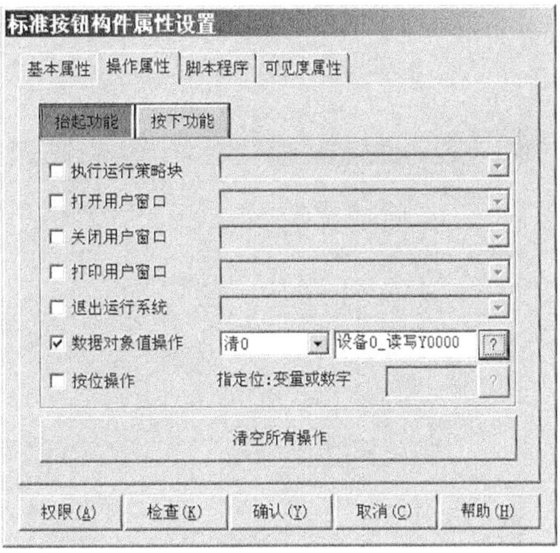

图 3-46 "标准按钮构件属性设置"对话框

② 指示灯:双击按钮 Y0 旁边的指示灯元件,弹出"单元属性设置"对话框,在"数据对象"页,单击 ? 选择数据对象"设备 0_读写 Y0000",如图 3-48 所示。

用同样的方法,将 Y1 按钮和 Y2 按钮旁边的指示灯分别连接变量"设备 0_读写 Y0001"和"设备 0_读写 Y0002"。

③ 输入框:双击 D0 标签旁边的输入框构件,弹出"输入框构件属性设置"对话框,在操作属性页,单击 ? 进行变量选择,选择"根据采集信息生成",通道类型选择"D 寄存器",通道地址为"0";数据类型选择"16 位 无符号二进制";读写类型选择"读写",如图 3-49 所示。完成后单击"确认"按钮保存。

用同样的方法,对 D1 标签旁边的输入框进行设置,在操作属性页,选择对应的数据对象:通道类型选择"D 寄存器";通道地址为"2";数据类型选择"16 位 无符号二进制";读写类型选择"读写"。

4. 下载调试

组态完成后,单击工具条中的"下载" 按钮,进行下载配置。选择"连机运行",连接方式选择"USB 通信",然后单击"通信测试"按钮,通信测试正常后,单击"工程下载",并在触摸屏中调试运行。

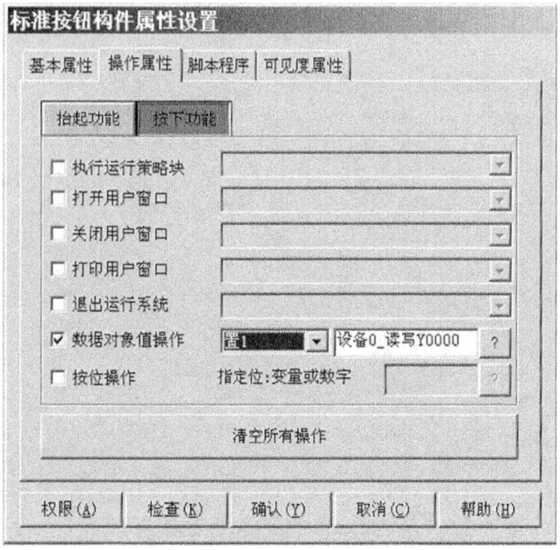

图 3-47　"按下功能"设置　　　　图 3-48　指示灯"单元属性设置"对话框

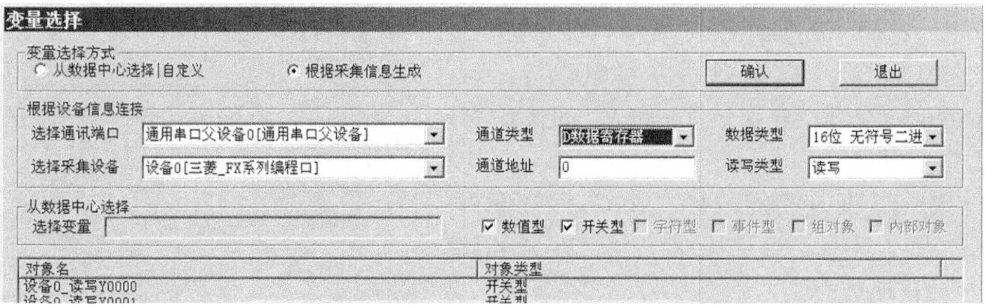

图 3-49　"输入框构件属性设置"对话框

3.4.4　【实操任务 3-6】触摸屏实现对变频器的起停控制

任务说明

完成三台变频器驱动电动机 M1、M2、M3 顺序控制。按下 SB1 按钮，M1 起动，延时 10 s 后 M2 起动，按 SB2 按钮 3 次后，M3 起动；按下 SB3 全部停止。

实操思路

1. 设备组态

在工作台中激活设备窗口，进入设备组态画面，打开"设备工具箱"。在设备工具箱中，按先后顺序双击"通用串口父设备"和"三菱_FX 系列编程口"添加至组态画面。提示使用三菱 FX 系列编程口默认通信参数设置父设备，选择"是"后关闭如图 3-50 所示的设备窗口。

2. 窗口组态

在工作台中激活用户窗口，单击"新建窗口"，将"窗口名称"修改为"三菱 FX 控制"后保存。

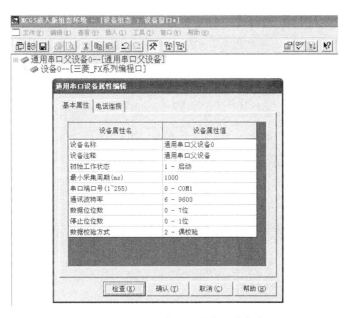

图 3-50 "通用串口父设备"编辑框

在用户窗口进入"三菱 FX 控制"动画组态,打开"工具箱",组态绘制页面如图 3-51 所示。包括三个按钮、两个输入框、三个指示灯、三个电动机、三个文本框。

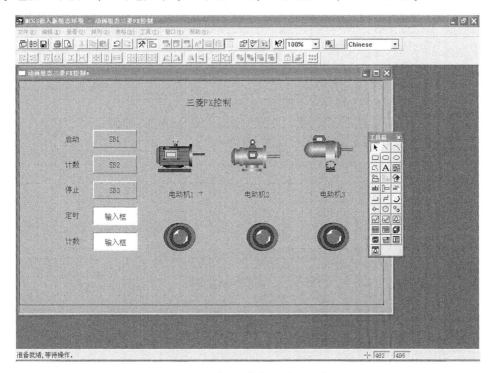

图 3-51 "三菱 FX 控制"动画组态页面

3. 数据连接

TPC 与 PLC 变量对应关系见表 3-13。根据变量对应关系进行数据链接。

表 3-13　TPC 与 PLC 变量对应关系

设备	变　量							
TPC	SB1	SB2	SB3	定时 输入框	计数 输入框	指示灯 1 电动机 1	指示灯 2 电动机 2	指示灯 3 电动机 3
PLC	M1	M2	M3	D0	D1	Y1	Y2	Y3

① 按钮：三个按钮进行排列对齐，双击 SB1，单击"操作属性"，数据对象值操作为"按 1 松 0"。单击 [?] 进行变量选择，选择"根据采集信息生成"，通道类型为"M 辅助寄存器"，地址为"1"。然后单击"确认"按钮，如图 3-52 所示。SB2、SB3 参照设置，对应的通道地址分别为"2"和"3"。

图 3-52　SB1 按钮通道链接

② 指示灯：双击 M1 电动机指示灯，选择数据对象，单击"@ 开关量"，如图 3-53 所示，单击 [?] 进行变量选择，选择"根据采集信息生成"，通道类型为"Y 输出寄存器"，地址为"1"。然后单击"确认"按钮，如图 3-54 所示。指示灯 2、指示灯 3 参照设置，对应的通道地址分别为"2"和"3"。

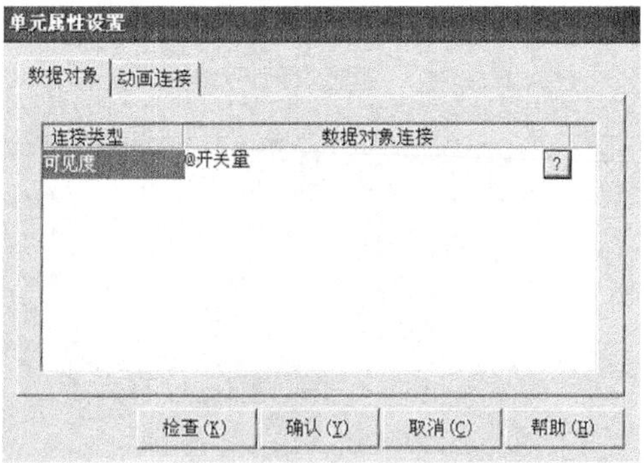

图 3-53　指示灯属性设置

图 3-54　指示灯通道链接

③ 标签：单击工具箱中的"标签"构件，绘制九个"标签"，如图 3-55 所示，双击该标签，弹出"标签动画组态属性设置"对话框，在"扩展属性"选项卡项设置"文本内容输入"为"起动""计数""停止""延时""计数""电动机 1""电动机 2""电动机 3""三菱 FX 控制电动机程序启动"，其中填充颜色和字符颜色可按自己喜好设置。

在窗口按住鼠标左键，拖放出两个一定大小的"输入框"，分别摆放在标签的旁边。

④ 输入框：单击工具箱中的"输入框"构件，在窗口按住鼠标左键，拖放出两个一定大小的"输入框"，分别摆放在标签的旁边。双击"输入框"，选择"操作属性"，如图 3-55 所示。单击 ? 进行变量选择，选择"根据采集信息生成"，通道类型为"D 数据寄存器"，数据类型选择"16 位无符号二进制"，地址为"0"。然后单击"确认"按钮，如图 3-56 所示。输入框 2 参照设置，对应的 D 数据寄存器通道地址为"1"。

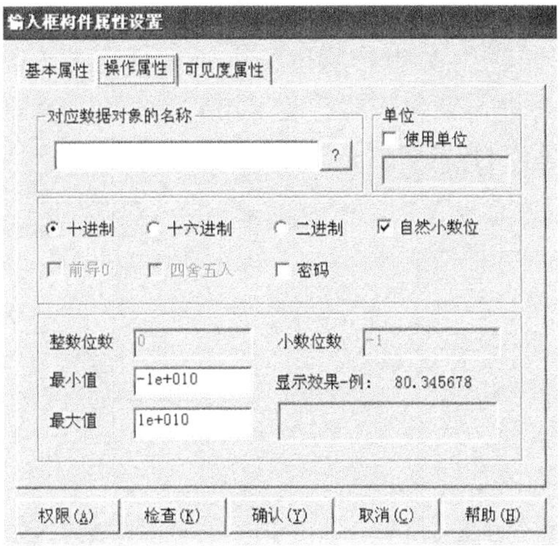

图 3-55　输入框属性设置

图 3-56　输入框通道链接

4. 运行调试

调试顺序如下：模拟运行完成后下载本工程到 TPC；编写 PLC 程序，并写入 PLC；连接 PLC 编程口和 TPC 的 RS-232 口；联机操作，TPC 上电后，在初始状态时，在输入框输入 D0 数据为"100"（定时），D1 数据为"3"（计数），并且进行调试。

思考与练习

3.1　请画出 FX_{3U} 继电器输出型和晶体管输出型控制三菱 E700 变频器多段速的电气图。

3.2 PLC 和变频器采用通信控制时，如果通信不上时，如何查找故障点？

3.3 如何查看 PLC 与变频器之间的通信参数设置？

3.4 如何查看 PLC 与触摸屏之间的通信参数设置？如何设置串口父设备通信参数？

3.5 利用网络口将 MCGS 组态工程下载到触摸屏中的要点是什么？

3.6 三台变频驱动电动机 M1、M2、M3 顺序控制：按下 SB1，M1 起动，延时 5 s 后，按下 SB2，M2 起动，延时 8 s 后，按 SB3 后，M3 起动；按下 SB4 全部停止。请画出 PLC 控制变频器的电气图，同时用 MCGS 实现按钮、指示灯、电动机、输入框及标签等组态控制画面。

3.7 使用 FX$_{3U}$ PLC 与 7602K 触摸屏相连，控制电动机正反转应该如何设计？

3.8 使用 FX$_{3U}$ PLC 与 7602K 触摸屏相连，控制电动机多段速（七段速）应该如何设计？

3.9 如图 3-57 所示为三菱 FX PLC 通过编程来实现三菱 E700 系列变频器多段速的硬件接线示意，请对三菱 PLC 进行编程，对三菱 E700 变频器进行参数设置，使电动机在预期的时间段内按预设以不同组合的转速运行（图 3-58）。

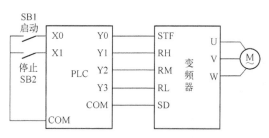

图 3-57　题 3.9 的硬件接线

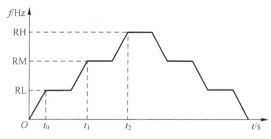

图 3-58　题 3.9 的电动机频率曲线

🔧 **阅读材料——智能制造应用生态体系**

　　一个由国家相关主管部门政策指导与引领、配套方案供应商有效支撑、龙头企业的示范带动与快速复制经验的智能制造应用生态体系正在各个行业中逐渐成形及完善。该生态可借助 IT 和工业互联网平台架构，提升设备和系统数据集成能力，解决物料条形码、找物料、核对、上料、生产数据等问题，从设备、车间、企业，上下游供应链、仓储、生产到质量全流程所产生的数据进行全面采集，并进行分析，不断提高生产效率和产品质量。以基于产业全价值链的工程机械智能工厂为例，通过自动下料中心、自动拼焊线、加工中心、RGV 输送线、AGV 智能物流车等设备关联，一块钢板从运送、切割、分拣、折弯到拼搭、焊接、转运、机械加工，几乎实现全流程智能作业。

第**4**章

步进电动机的控制

导读

虽然步进电动机已被广泛地应用，但步进电动机并不能像普通的直流电动机、交流电动机在常规下使用，它必须由双环形脉冲信号、功率驱动电路等组成控制系统方可使用。因此，用好步进电动机却非易事，它涉及机械、电机、电子及计算机等许多专业知识。步进电动机控制属于"开环"控制的范畴，使用在定位精度一般的场合，比如机床的进刀、丝杠的定位等，本章介绍了步进驱动器的使用方法。

4.1　步进电动机的工作原理

步进电动机的
工作原理

4.1.1　步进电动机概述

步进电动机是利用电磁铁原理，将脉冲信号转换成线位移或角位移的电动机，即每来一个电平脉冲，电动机就转动一个角度，最终带动机械移动一小段距离。如图4-1所示。

通常按励磁方式可以将步进电动机分为以下三大类。

1）反应式：转子无绕组，定转子，开小齿，步距小，其应用最广。

2）永磁式：转子的极数等于每相定子极数，不开小齿，步距角较大，转矩较大。

3）感应子式（混合式）：开小齿，比永磁式转矩更大，动态性能更好，步距角更小。

如图4-2所示的步进电动机主要由两部分构

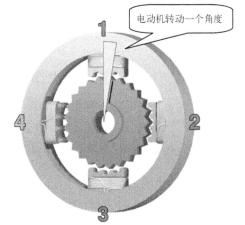

图4-1　步进电动机工作原理

成，即定子和转子，它们均由磁性材料构成。定、转子铁心由软磁材料或硅钢片叠成凸极结构。步进电动机的定子、转子磁极上均有小齿，其齿数相等。

图4-3所示的步进电动机为三相绕组，其定子有六个磁极，定子磁极上套有星形联结的三相控制绕组，每两个相对的磁极为一相并组成一相控制绕组。

图4-2 步进电动机拆解后的定子和转子

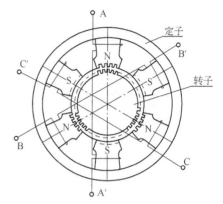

图4-3 三相步进电动机

步进电动机一般由前后端盖、轴承、中心轴、转子铁心、定子铁心、定子组件、波纹垫圈及螺钉等部分构成，其装配图如图4-4所示。

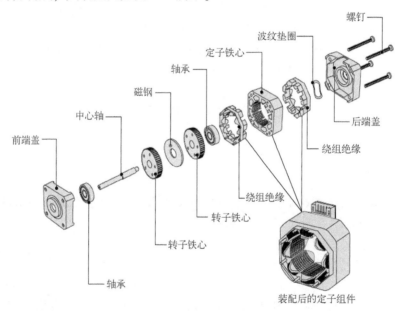

图4-4 步进电动机的装配图

4.1.2 步进电动机的步距角

步进电动机的步距角表示控制系统每发送一个脉冲信号时电动机所转动的角度，也可以说，每输入一个脉冲信号电动机转子转过的角度称为步距角，用θ_s表示。图4-5所示为某两相步进电动机步距角$\theta_s = 1.8°$的示意图。

步进电动机的特点是来一个脉冲，转一个步距角，其角位移量或线位移量与电脉冲数成正比，即步进电动机的转动距离正比于施加到驱动器上的脉冲信号数（脉冲数）。步进电动机转动（电动机出力轴转动角度）和脉冲数的关系如下所示：

$$\theta=\theta_s \times A$$

式中，θ 为电动机出力轴转动角度（°）；θ_s 为步距角（°/步）；A 为脉冲数（个）。

根据这个公式，可以得出如图 4-6 所示的脉冲数与转动角度的关系。

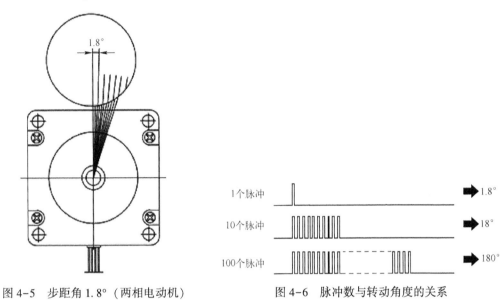

图 4-5　步距角 1.8°（两相电动机）　　　　图 4-6　脉冲数与转动角度的关系

4.1.3　步进电动机的频率

控制脉冲频率，可控制步进电动机的转速，因为步进电动机的转速与施加到步进电动机驱动器上的脉冲信号频率成比例关系。

电动机的转速与脉冲频率的关系如下（整步模式）：

$$N=\frac{\theta_s}{360°} \times f \times 60$$

式中，N 为电动机出力轴转速（r/min）；θ_s 为步距角（°/步）；f 为脉冲频率（Hz）。（每秒输入脉冲数）

根据这个公式，可以得出图 4-7 所示的脉冲数与转动角度的关系。

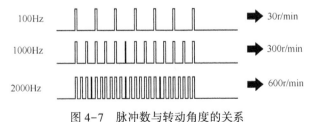

图 4-7　脉冲数与转动角度的关系

4.1.4　步进电动机的选型与应用特点

1. 步进电动机的选型

一般而言，步进电动机的步距角、静转矩及电流三大要素确定之后，其型号便确定下来了。目前市场上流行的步进电动机是以机座号（电动机外径）来划分的。根据机座号可分为 42BYG（BYG 为感应子式步进电动机代号）、57BYG、86BYG、110BYG 等国际标准，而像 70BYG、90BYG、130BYG 等均为国内标准。图 4-8 所示为 57 步进电动机外观及其接线端子。

步进电动机转速越高，转矩越大，则要求电动机的电流越大，驱动电源的电压越高。电压对转矩影响如图 4-9 所示。

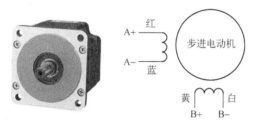

图 4-8　57 步进电动机外观及其接线端子

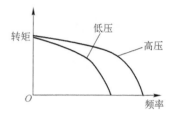

图 4-9　电压对转矩影响

2. 步进电动机的应用特点

步进电动机的重要特征之一是高转矩、小体积。这些特征使得电动机具有优秀的加速和响应，使得这些电动机非常适合那些需要频繁起动和停止的应用中，如图 4-10 所示。

绕组通电时步进电动机具有全部的保持转矩，这就意味着步进电动机可以在不使用机械刹车的情况下保持在停止位置，如图 4-11 所示。

一旦电源被切断，步进电动机自身的保持转矩丢失，电动机不能在垂直操作中，或施加外力作用下保持在停止位置，此时在提升和其他相似应用中需要使用带电磁刹车的步进电动机，如图 4-12 所示。

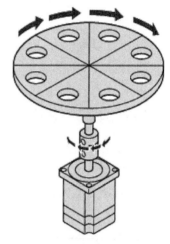

图 4-10　应用在频繁起动/停止场合

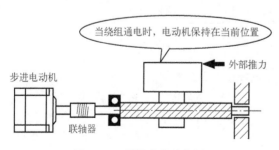

图 4-11　保持在停止位置

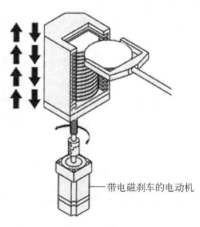

图 4-12　带电磁刹车的步进电动机

4.1.5 步进电动机驱动器的使用方法

步进电动机控制属于"开环"控制的范畴,使用在定位精度一般的场合,比如机床的进刀、丝杠的定位等,这里简单介绍一下步进驱动器的使用方法。

1. 步进电动机驱动器的接线示意

图4-13所示为步进电动机驱动器的接线示意,其含义见表4-1。

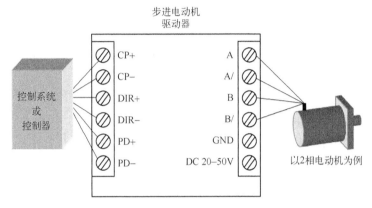

图4-13 步进电动机驱动器接线示意

表4-1 步进电动机驱动器端子号及其含义

端 子 号	含 义
CP+	脉冲正输入端
CP−	脉冲负输入端
DIR+	方向电平的正输入端
DIR−	方向电平的负输入端
PD+	脱机信号正输入端
PD−	脱机信号负输入端

步进电动机驱动器是把控制系统或控制器提供的弱电信号放大为步进电动机能够接受的强电流信号,控制系统提供给驱动器的信号主要有以下三路。

1)步进脉冲信号CP:这是最重要的一路信号,因为步进电动机驱动器的原理就是要把控制系统发出的脉冲信号转化为步进电动机的角位移。驱动器每接受一个脉冲信号CP,就驱动步进电动机旋转一步距角,CP的频率和步进电动机的转速成正比,CP的脉冲个数决定了步进电动机旋转的角度。这样,控制系统通过脉冲信号CP就可以达到电动机调速和定位的目的。

2)方向电平信号DIR:此信号决定电动机的旋转方向。比如说,此信号为高电平时电动机为顺时针旋转,此信号为低电平时电动机则为反方向逆时针旋转。此种换向方式,又称之为单脉冲方式。

3)脱机信号PD:此信号为选用信号,并不是必须要用的,只在一些特殊情况下使用,此端输入一个5V电平时,电动机处于无转矩状态;此端为高电平或悬空不接时,此功能无效,电动机可正常运行;此功能若用户不采用,只需将此端悬空即可。

2. 步进电动机与驱动器的接线

对于不同绕组接线的电动机，步进电动机驱动器的连接需要按照以下方式进行。

1）步进电动机与驱动器可以直接相连。图 4-14 所示的步进电动机绕组为 2 相且相互独立，可以直接相连。

2）步进电动机与驱动器可以相连，但中间抽头要悬空，如图 4-15 所示。

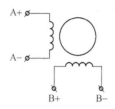

图 4-14　直接相连

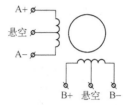

图 4-15　中间抽头悬空的接线

3）绕组不是独立的电动机就不能与步进驱动器相连，如图 4-16 所示。

4）如果是四个绕组，且相互独立，则可以将它们的其中相对的两个绕组两两并联，即 a+/a− 与 c+/c− 并联、b+/b− 与 d+/d− 并联，如图 4-17 所示。

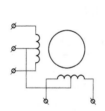

图 4-16　不能与步进电动机驱动器
相连的电动机绕组类型

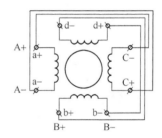

图 4-17　四个绕组两两
并联的接线

3. CP 信号的电平方式和脉冲宽度

脉冲信号的电平方式是一个很重要的概念，是设计控制系统时必须考虑的，具体要求是：①对共阳接法的驱动器要求为负脉冲方式：脉冲状态为低电平、无脉冲时为高电平，如图 4-18a 所示。②对共阴接法的驱动器要求为正脉冲方式：脉冲状态为高电平、无脉冲时为低电平，如图 4-18b 所示。

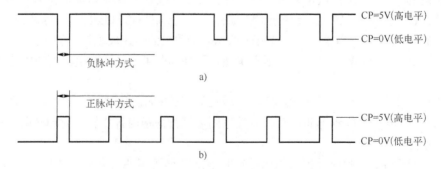

图 4-18　CP 信号的电平方式
a）共阳接法驱动器所要求的 CP 信号电平方式　b）共阴接法驱动器所要求的 CP 信号电平方式

以正脉冲为例, CP 脉冲宽度一般要求不小于 2 μs, 如图 4-19 所示。

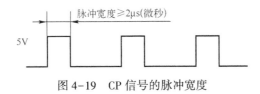

图 4-19　CP 信号的脉冲宽度

4. DIR 信号起作用时刻

电动机换向时, 一定要在电动机降速停止后再换向。换向信号一定要在前一个方向的最后一个 CP 脉冲结束后, 以及下一个方向的第一个 CP 脉冲前发出。图 4-20 所示为正脉冲时, 正向转为反向时的控制过程。

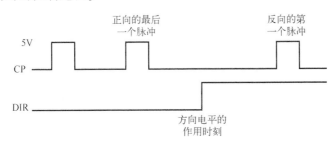

图 4-20　正向转为反向时的控制过程

4.1.6　步进电动机升降速设计

步进电动机的控制从理论上说, 只需给驱动器脉冲信号即可, 每给驱动器一个 CP 脉冲, 步进电动机就旋转一个步距角 (细分时为一个细分步距角), 也就是说步进电动机时时跟随 CP 脉冲的变化。但是实际上, 如果 CP 信号变化太快, 步进电动机由于惯性将跟随不上电信号的变化, 这时就会产生堵转和丢步现象。所以步进电动机在起动时必须有升速过程, 在停止时必须有降速过程, 一般来说升速和降速过程规律相同, 以下以升速为例介绍。

升速过程由突跳频率加升速曲线组成 (降速过程反之)。突跳频率是指步进电动机在静止状态时突然施加的脉冲起动频率, 此频率不可太大, 否则也会产生堵转和丢步。升降速曲线一般为指数曲线或经过修调的指数曲线, 当然也可采用直线或抛物线等。

用户需根据自己的负载选择合适的突跳频率和升降速曲线, 找到一条理想的曲线并不容易, 一般需要多次 "试机" 才行。指数曲线在实际软件编程中比较麻烦, 一般事先算好时间常数存储在计算机存储器内, 工作过程中直接选取。

4.1.7　步进电动机驱动器的步距角细分

如图 4-21 所示, 在步进电动机步距角不能满足使用的条件下, 可采用细分驱动器来驱动步进电动机, 细分驱动器的原理是通过改变相邻 (A、B) 电流的大小, 以改变合成磁场的夹角来控制步进电动机运转的。如在驱动器 HB-4020M 可以对拨码开关 DIP-SW 进行细分设定, 具体如图 4-22 所示。

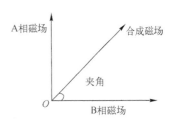

图 4-21　细分驱动器的原理

	SW1	SW2

细分设定

细分倍数	SW1	SW2
1	on	on
2	off	on
4	on	off
8	off	off

图 4-22　拨码开关细分设定

4.1.8　步进电动机驱动器应用实例

这里以 HB-4020M 为例进行介绍。

（1）HB-4020M 的特点

HB-4020M 细分型步进电动机驱动器驱动电压 DC 12~32 V，适配 4、6 或 8 出线，电流 2.0 A 以下，外径 39~57 mm 型号的 2 相混合式步进电动机，可运用在对细分精度有一定要求的设备上。图 4-23 所示为 HB-4020M 的外观，其电气规格见表 4-2。

图 4-23　HB-4020M 的外观

表 4-2　HB-4020 的电气规格

说　明	最小值	推荐值	最大值
供电电压 DC/V	12	24	32
输出相电流（峰值）/A	0.0	—	2.0
逻辑控制输入电流/mA	5	10	30
步进脉冲响应频率/kHz	0	—	100

（2）驱动器的电气接线

表 4-3 所示为 HB-4020M 的接线端子功能说明。

表4-3 HB-4020M 的接线端子功能

序号	标示	说　明
1	GND	电源 DC 12~32 V
2	+V	电源 DC 12~32 V，用户可根据各自需要选择，一般来说较高的电压有利于提高电动机的高速力矩，但会加大驱动器和电动机的损耗和发热
3	A+	电动机 A 相，A+、A-互调，可更改一次电动机运转方向
4	A-	电动机 A 相
5	B+	电动机 B 相，B+、B-互调，可更改一次电动机运转方向
6	B-	电动机 B 相
7	(+5 V)	光电隔离电源，控制信号在+5 V~+24 V 均可驱动，需注意限流。一般情况下，12 V 串接 1 kΩ 电阻 24 V 串接 2 kΩ 电阻，驱动器内部电阻为 330 Ω
8	PUL	脉冲信号；上升沿有效
9	DIR	方向信号：低电平有效
10	ENA	使能信号：低电平有效

（3）驱动器供电电压

供电电压越高，电动机高速时转矩越大，但另一方面，电压太高会导致过电压保护，甚至可能损坏驱动器，而且在高压下工作时，低速运动振动较大。所以一般情况下，电动机转速小于 150 r/min 时，尽量使用低电压（≤24 V），转速越高，可相应提高电压，但不要超过驱动器的最大电压（DC 32 V）。

（4）驱动器上电动机电流的设置

如图4-24 所示为步进驱动器上进行步进电动机的电流设定示意图。电流设定值越大时，电动机输出转矩越大，但电流大时，电动机和驱动器的发热也比较严重。所以，一般情况是把电流设成电动机的额定电流，在保证转矩足够的情况下尽量减小电流，这样长时间工作可以提供驱动器和电动机工作的稳定性。高速状态工作时可以提高电流值，但不要超过 30%。

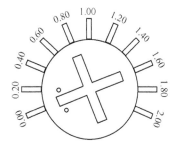

图4-24 电动机电流设置

4.2　三菱 FX$_{3U}$ PLC 的步进电动机控制基础

4.2.1　FX$_{3U}$ PLC 实现定位控制的基础

FX$_{3U}$ PLC 可以实现步进电动机或伺服电动机的定位控制，其原因在于该 PLC 集成了高速计数口、高速脉冲输出口等硬件和相应的软件功能。如图4-25 所示为 FX$_{3U}$ PLC 输出脉冲和方向到驱动器（步进或伺服），驱动器再将从 CPU 输入的给定值进行处理后通过图4-26 所示的三种方式输出到步进电动机或伺服电动机（包括晶体管输出、FX$_{3U}$-2HSY-ADP 及特殊功能模块），控制电动机加速、减速和移动到指定位置。

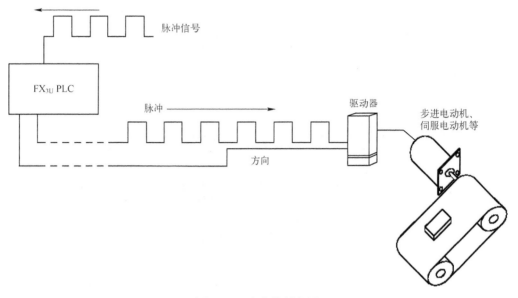

图 4-25　定位控制应用

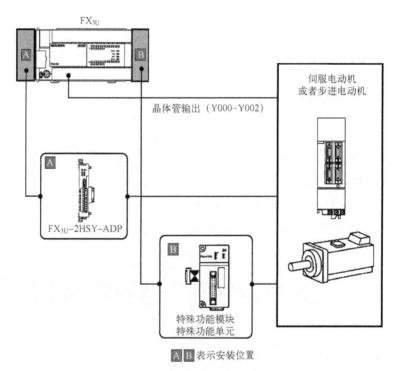

图 4-26　FX₃ᵤ定位控制的三种方式

其中 FX₃ᵤ晶体管输出和 FX₃ᵤ-2HSY-ADP 的技术指标见表 4-4，特殊功能模块/单元的技术指标见表 4-5。

表4-4 FX$_{3U}$晶体管输出和FX$_{3U}$-2HSY-ADP的技术指标

型号名称	轴数	频率/Hz	控制单位	输出方式	输出形式
FX$_{3U}$基本单元 （晶体管输出）	3轴 （独立）	10~100000	脉冲	晶体管	脉冲+方向
特殊适配器 FX$_{3U}$-2HSY-ADP	2轴 （独立）	10~200000	脉冲	差动线性驱动	脉冲+方向 或者 正转/反转脉冲

表4-5 特殊功能模块/单元的技术指标

型号名称	轴数	频率/Hz	控制单位	输出方式	输出形式
特殊功能模块					
FX$_{3U}$-1PG	1轴	1~200000	脉冲 μm 10^{-4}英寸① mdeg②	晶体管	脉冲+方向 或者 正转/反转脉冲
FX$_{2N}$-1PG（-E）	1轴	10~100000	脉冲 μm 10^{-4}英寸 mdeg	晶体管	脉冲+方向 或者 正转/反转脉冲
FX$_{2N}$-10PG	1轴	1~1000000	脉冲 μm 10^{-4}英寸 mdeg	差动线性驱动	脉冲+方向 或者 正转/反转脉冲
FX$_{3U}$-20SSC-H	2轴 （独立/插补）	1~50000000	脉冲 μm 10^{-4}英寸 mdeg	SSCNET Ⅲ	
特殊功能单元					
FX$_{2N}$-10GM	1轴	1~200000	脉冲 μm 10^{-4}英寸 mdeg	晶体管	脉冲+方向 或者 正转/反转脉冲
FX$_{2N}$-20GM	2轴 （独立/插补）	1~200000	脉冲 μm 10^{-4}英寸 mdeg	晶体管	脉冲+方向 或者 正转/反转脉冲

注：1. 1英寸≈2.54 cm

2. 1000 mdeg=1°

4.2.2 FX$_{3U}$ PLC晶体管输出的接线方式

表4-6所示为FX$_{3U}$ PLC晶体管输出的外部电压、负载、响应特性等技术特点。

表4-6 FX$_{3U}$ PLC晶体管输出技术特点

项　目		晶体管输出规格
外部电压	所有输出	DC 5~30 V

（续）

项 目		晶体管输出规格
最大负载	电阻负载	所有输出	每个公共端的合计负载电流请保持在额定值以下。 输出 1 点公共端：0.5 A 输出 4 点公共端：0.8 A 输出 8 点公共端：1.6 A
	电感性负载	所有输出	每个公共端的合计负载电流请保持在额定值以下。 输出 1 点公共端：12 W/DC 24 V 输出 4 点公共端：19.2 W/DC 24 V 输出 8 点公共端：38.4 W/DC 24 V
开路漏电流		所有输出	0.1 mA 以下/DC 30 V
ON 电压		所有输出	1.5 V 以下
响应时间	OFF→ON	Y000 ~ Y002	5 μs 以下/10 mA 以上（DC 5 ~ 24 V）
		Y003 以后	0.2 ms 以下/200 mA（DC 24 V 时）
	ON→OFF	Y000 ~ Y002	5 μs 以下/10 mA 以上（DC 5 ~ 24 V）
		Y003 以后	0.2 ms 以下/200 mA（DC 24 V 时）
回路隔离		所有输出	光耦隔离
输出动作显示		所有输出	光耦驱动时 LED 灯亮

FX$_{3U}$可编程控制器中内置定位功能，从通用输出（Y000 ~ Y002）输出最大 100 kHz 的脉冲串，可同时控制 3 轴的伺服电动机或者步进电动机，如图 4-27 所示。

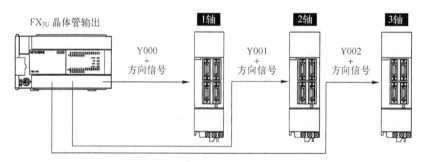

图 4-27　FX$_{3U}$晶体管输出

脉冲输出用端子 Y000、Y001、Y002 为高速响应输出。使用定位指令时，要将 NPN 集电极开路输出的负载电流调节在 10 ~ 100 mA（DC 5 ~ 24 V）内，见表 4-6。

表 4-6　技术指标

项 目	内 容
使用电压范围	DC 5 ~ 24 V
使用电流范围	10 ~ 100 mA
输出频率	100 kHz 以下

PLC 晶体管输出共有两种接线方式，一种是漏型，如图 4-28 所示，一种是源型，如图 4-29 所示。

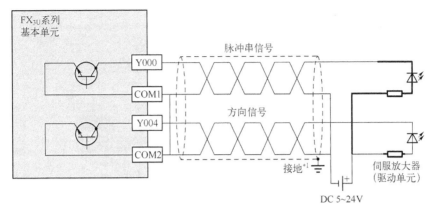

图 4-28 漏型输出接线

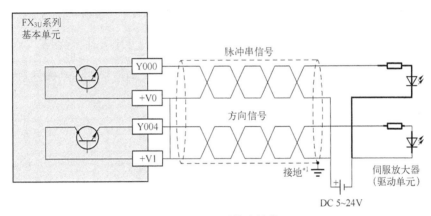

图 4-29 源型输出接线

4.2.3 FX₃ᵤ PLC 特殊适配器的定位功能

特殊适配器使用 FX₃ᵤ PLC 内置的定位功能，输出最大 200 kHz 的脉冲串。如图 4-30 所示，特殊适配器使用 FX₃ᵤ PLC 内置的定位功能可同时控制 4 轴的伺服电动机或者步进电动机。FX₃ᵤ PLC 最多可以连接 2 台高速输出特殊适配器（FX₃ᵤ-2HSY-ADP）。其中第 1 台 FX₃ᵤ-2HSY-ADP 使用 Y000、Y004 和 Y001、Y005；第 2 台 FX₃ᵤ-2HSY-ADP 使用 Y002、Y006 和 Y003、Y007。

高速输出特殊适配器（FX₃ᵤ-2HSY-ADP）的输出规格见表 4-7。

表 4-7 FX₃ᵤ-2HSY-ADP 输出规格

项 目	高速输出特殊适配器（FX₃ᵤ-2HSY-ADP）
脉冲输出形式	差动线性驱动（相当于 AM26C31）
负载电流	25 mA 以下
最大输出频率	200 kHz
绝缘	通过光耦、变压器将输出部分的外部接线和 PLC 之间做隔离 通过变压器使各 SG 间隔离
接线长度	最大 10 m

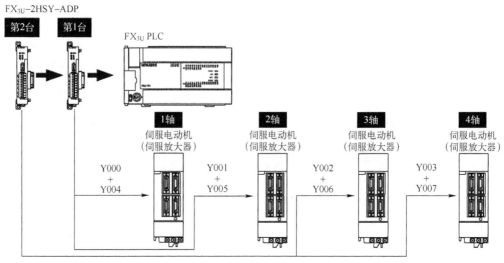

图 4-30 特殊适配器使用 FX$_{3U}$ PLC 内置的定位功能

FX$_{3U}$-2HSY-ADP 可以连接两种类型的驱动器，包括光耦连接和差动线性接收器，具体如图 4-31 所示。

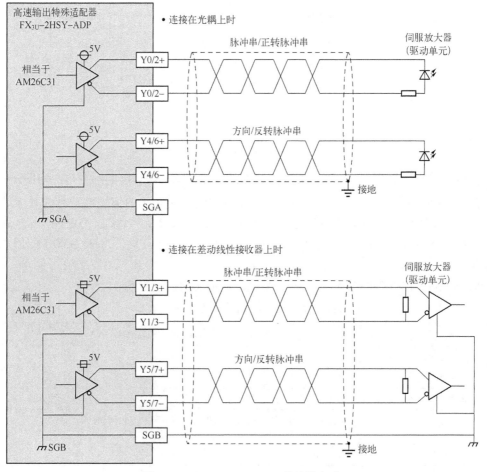

图 4-31 FX$_{3U}$-2HSY-ADP 的接线方式

4.2.4 FX₃U PLC 特殊功能模块/单元的定位功能

如图 4-32 所示，FX₃U PLC 可以连接特殊功能模块/单元，进行定位控制。此外，特殊功能单元也可以独立进行定位控制。FX₃U PLC 中最多可以连接 8 台特殊功能模块/单元。

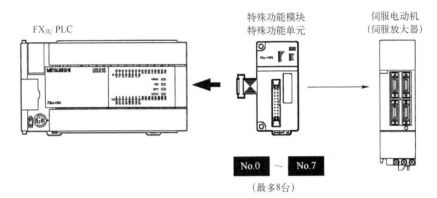

图 4-32 特殊功能模块/单元

4.2.5 PLC 控制步进电动机的主要指令

PLC 控制步进
电动机的主要指令

1. PLSY/发出脉冲信号

PLSY，发出脉冲信号用的指令，其工作示意图如图 4-33 所示。

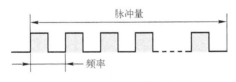

图 4-33 PLSY 工作示意图

PLSY 指令格式为

其中操作数见表 4-8，$S_1\cdot$ 指定频率，允许设定范围 1~32767（Hz）；$S_2\cdot$ 指定发出的脉冲量，允许设定范围 1~32767（PLS）；$D\cdot$ 指定有脉冲输出的 Y 编号，允许设定范围 Y000、Y001。

表 4-8 PLSY 的操作数说明

操作数种类	内　容
$S_1\cdot$	频率数据（Hz）或是保存数据的字软元件编号
$S_2\cdot$	脉冲量数据或是保存数据的字软元件编号
$D\cdot$	输出脉冲的位软元件（Y）编号

2. PLSR/带加减速的脉冲输出

PLSR，带加减速功能的脉冲输出指令，其工作示意图如图 4-34 所示。

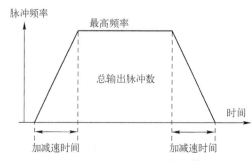

图4-34 PLSR工作示意图

PLSR指令格式为

其中操作数见表4-9，(S₁·)为最高频率，允许设定范围10~32,767（Hz）；(S₂·)为总输出脉冲数（PLS），允许设定范围1~32,767（PLS）；(S₃·)为加减速时间（ms），允许设定范围50~5000（ms）；(D·)为脉冲输出信号，允许设定范围Y000、Y001。

表4-9 PLSR的操作数说明

操作数种类	内　容	数据类型
(S₁·)	保存最高频率（Hz）数据，或是数据的字软元件编号	BIN16/32位
(S₂·)	保存总的脉冲数（PLS）数据，或是数据的字软元件编号	BIN16/32位
(S₃·)	保存加减速时间（ms）数据，或是数据的字软元件编号	BIN16/32位
(D·)	输出脉冲的软元件（Y）编号	位

3. PLSV/可变速脉冲输出

PLSV，输出带旋转方向的可变速脉冲的指令。如图4-35所示，通过驱动PLSV指令，以指定的运行速度动作。如果运行速度变化，则变为以指定的速度运行。如果PLSV指令为OFF，则脉冲输出停止。有加减速动作的情况下，在速度变更时，执行加减速。

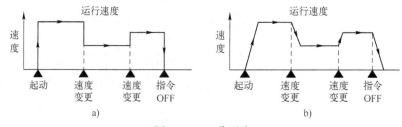

图4-35 工作示意
a) 无加减速动作　b) 有加减速动作

PLSV的指令格式为

其中操作数见表4-10，(D₁·)需要指定基本单元的晶体管输出Y000、Y001、Y002，或是高速输出特殊适配器Y000、Y001、Y002、Y003。

4. 特殊辅助继电器

当Y000、Y001、Y002、Y003成为脉冲输出端软元件时，其相关的特殊辅助继电器见

表 4-11。

表 4-10　PLSV 操作数说明

操作数种类	内　容	数据类型
$S_1 \cdot$	指定输出脉冲频率的软元件编号	BIN16/32 位
$D_1 \cdot$	指定输出脉冲的输出编号	位
$D_2 \cdot$	指定旋转方向信号的输出对象编号	

表 4-11　特殊辅助继电器

软元件编号				名　称	属性	对象指令
Y000	Y001	Y002	Y003			
M8029				指令执行结束标志位	只读	PLSY/PLSR
M8329				指令执行异常结束标志位	只读	PLSY/PLSR/PLSV
M8338				加减速动作	可读可写	PLSV
M8340	M8350	M8360	M8370	脉冲输出中监控（BUSY/READY）	只读	PLSY/PLSR/PLSV
M8343	M8353	M8363	M8373	正转极限	可读可写	PLSY/PLSR/PLSV
M8344	M8354	M8364	M8374	反转极限	可读可写	
M8348	M8358	M8368	M8378	定位指令驱动中	只读	PLSY/PLSR/PLSV
M8349	M8359	M8369	M8379	脉冲停止指令	可读可写	PLSY/PLSR/PLSV

4.3　步进电动机控制实例

4.3.1　【实操任务 4-1】步进电动机进行正向和反向循环定位控制

任务说明

实操任务 4-1

某包装设备的传动由步进电动机进行驱动，控制要求如下。

1）按下起动按钮后，先进行正转 5000 个脉冲，频率 K1000。

2）等正转完成后，延时 2 s，进行反转，5000 个脉冲，频率 K1000。

3）等反转完成后，延时 2 s，进行正转，5000 个脉冲，频率 K1000，如此循环。

4）按下停止按钮，步进电动机停机。

实操思路

1. 电气接线

根据要求进行电气接线，如图 4-36 所示，其中开关电源的选择与步进驱动器有关，如果步进驱动器是 5 V，而开关电源为 DC 24 V，建议在 Y0、Y1 输出端串接 2 kΩ 电阻；FX$_{3U}$ PLC 选择晶体管输出，如本实例中的 FX$_{3U}$-32MT；步进驱动器的接线注意与 PLC 对应端子，本例采用共阳接线方式；步进驱动器与步进电动机采用两相方式。

2. 输入/输出（I/O）定义

表 4-12 所示为步进电动机进行正向和反向循环定位控制的输入/输出（I/O）表。

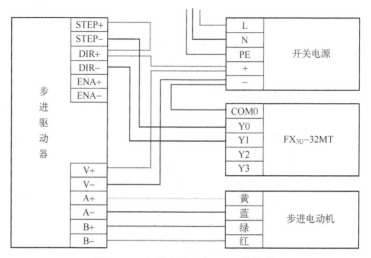

图 4-36 步进电动机与 PLC 的接线

表 4-12 输入/输出（I/O）表

输　　入	含　　义	输　　出	含　　义
X0	起动按钮	Y0	输出脉冲
X1	停止按钮	Y1	输出方向

3. 程序编写

图 4-37 所示为程序，具体解释如下。

```
        X000
   0 ───┤├───────────────────────────────────────────[SET    M0  ]

        X001
   2 ───┤├──────────────────────────────────[ZRST   M0     M3  ]

        M0
   8 ───┤↑├──────────────────────────────────────────[SET    M1  ]

        M1
  11 ───┤├──────────────[DDRVI  K5000   K1000   Y000   Y001 ]

        M8029
     ───┤├────────────────────────────────────────────[SET    M2  ]

                                                        [RST    M1  ]

        M2                                                      K20
  32 ───┤├────────────────────────────────────────────────(T0  )

        T0
  36 ───┤├─────────────[DDRVI  K-5000  K1000   Y000   Y001 ]

        M8029
     ───┤├────────────────────────────────────────────[SET    M3  ]

                                                        [RST    M2  ]

        M3                                                      K20
  57 ───┤├────────────────────────────────────────────────(T1  )

        T1
     ───┤├────────────────────────────────────────────[SET    M1  ]

                                                        [RST    M3  ]

  64 ──────────────────────────────────────────────────────[END  ]
```

图 4-37 步进电动机进行正向和反向循环定位控制梯形图

1）起动按钮置位 M1 后，起动正转脉冲定位控制，即 DDRVI 指令，输出 Y0 脉冲、Y1 方向。

2）当脉冲发送完毕后，M8029 信号为 ON 时进入 2 s 延时反转程序。

3）反转脉冲定位控制，也是 DDRVI，只是脉冲数为-5000，速度不变。

4）当脉冲发送完毕后，M8029 信号为 ON 时进入 2 s 延时正转程序，依次循环。

5）当停止按钮 X1 动作后，M0~M3 全部复位，停止当前的步进控制。

4.3.2 【实操任务4-2】PLSR 指令定位控制

任务说明

FX_{3U} PLC 通过步进电动机驱动器控制步进电动机的运行，假设电动机一周需要 1000 个脉冲，试编制程序以满足如下要求。

1）按下起动按钮后，电动机运转速度为 1 r/s，电动机先正转 5 周，停止 5 s。

2）再反转 5 周，停止 5 s。

3）再正转，如此循环。

4）按下停止按钮，步进电动机停机。

实操思路

1. 电气接线

电气接线参考 4.3.1，脉冲输出口为 Y0，Y1 为方向控制（即 ON 为正转，OFF 为反转）。

2. 程序编制

电动机的运行频率为 1 r/s = 1000 pul/s，频率为 K1000。为了降低步进电动机的失步和过冲，采用 PLSR 指令输出脉冲。指令的各个操作数设置为：输出脉冲的最高频率为 K1000，输出脉冲个数为 K1000×5 = K5000，加减速时间为 200 ms。

由于 PLSR 指令在程序中只能使用一次，所以采用顺序功能图（SFC）设计，共包括激活初始状态、SFC 编程、步进电动机控制三块，具体如图 4-38 所示。

```
日 MAIN
   000:Block 激活初始状态
   001:Block1 SFC编程
   002:Block2 步进电动机控制
```

图 4-38 程序结构

（1）激活初始状态

如图 4-39 所示，采用梯形图编程，即由 X000 和 X001 构成自锁回路，输出 M0，由 M0 的上升沿脉冲激活状态 S0。

图 4-39 激活初始状态

（2）SFC 编程

SFC 具体如图 4-40 所示，其中跳转 TR 和状态编程如图 4-41 所示。

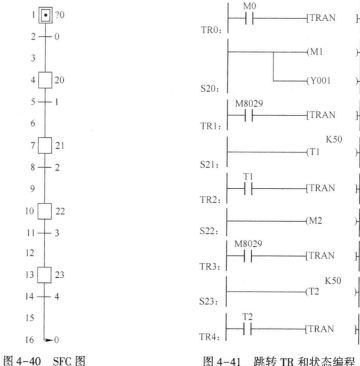

图 4-40　SFC 图　　　　　　　图 4-41　跳转 TR 和状态编程

（3）步进电动机控制

采用 PLSR 指令，当 M1 或 M2 满足时使用，如图 4-42 所示。

图 4-42　步进电动机控制梯形图

4.3.3 【实操任务 4-3】农作物大棚窗户步进控制

任务说明

　　如图 4-43 所示，农作物大棚共有 4 扇窗户，每扇窗户有一个温度检测的双金属条，存在两个输入，一个对应金属条冷的情况，一个对应金属条热的情况。该温度检测输入与窗户位置直接相关，当过热时，金属条变形，触点接通，于是窗户打开；当温度正常时，金属条伸直，窗户关上。

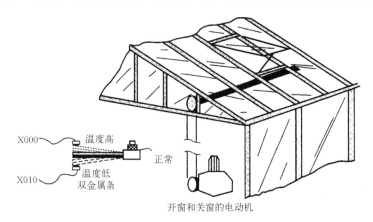

图 4-43 农作物大棚

实操思路

1. 电气接线

如图 4-44 所示为关窗电动机的驱动示意，其中 Y0 输出带动 1~4 个关窗电动机，选用接触器，主要是为了节省 FX_{3U} 的高速输出端口。因此，关窗电动机 1~4 分别对应 Y10~Y13。需要注意的是，对于开窗动作来说，需要另外增加 4 个接触器，但是步进电动机驱动器和步进电动机不变。

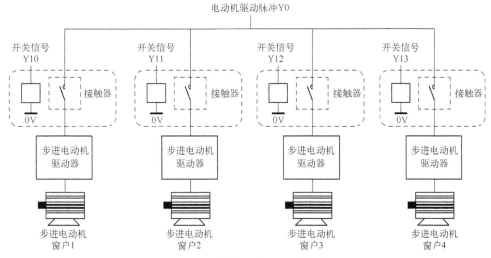

图 4-44 关窗电动机的驱动电路

2. 输入/输出 (I/O) 定义 (表 4-13)

表 4-13 输入/输出 (I/O) 表

输入	功能	输出	功能
X0~X3	来自双金属条的开窗信号对应窗户 1~4	Y4~Y7	选择电动机，用来开窗 1~4
X10~X13	来自双金属条的关窗信号对应窗户 1~4	Y10~Y13	选择电动机，用来关窗 1~4
X4~X7	检测到窗户已经全关，对应窗户 1~4	Y0	电动机驱动脉冲数（晶体管输出）
X14~X17	检测到窗户已经全开，对应窗户 1~4		

3. 程序编制

图 4-45 所示为农作物大棚温度控制梯形图。

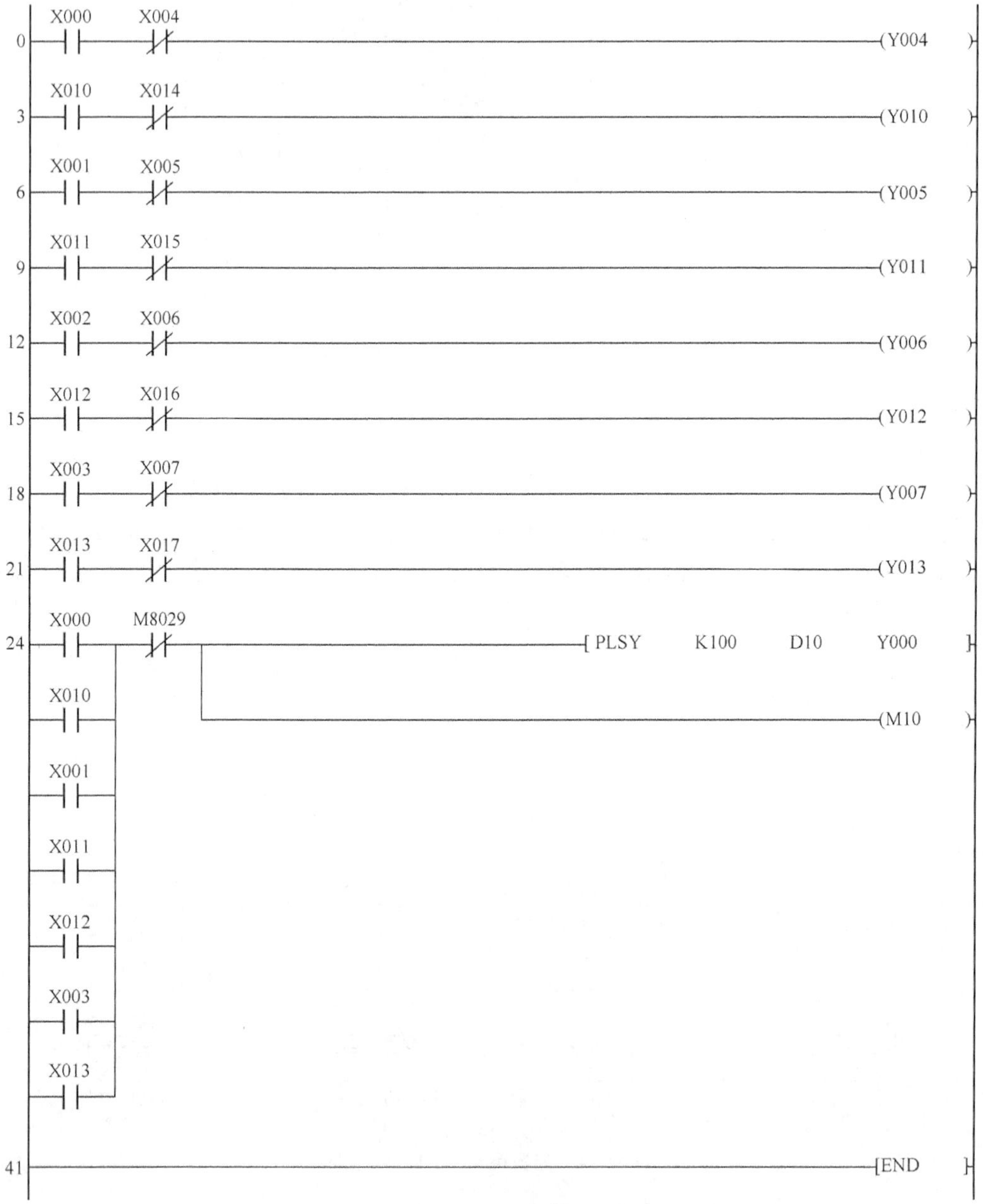

图 4-45　农作物大棚温度控制梯形图

思考与练习

4.1 步进驱动器有三种信号，请分别进行阐述。

4.2 请举例本章介绍的 PLC 输出到步进驱动器的应用指令。

4.3 有一台步进电动机，其步距角为 3°，运行频率为 5000 Hz，旋转 10 圈，用三菱 FX$_{3U}$ PLC 控制，请画出接线图，并进行编程。

4.4 某剪切机可以对材料进行定长切割，剪切长度通过数字开关设置（0~99 mm），步进电动机滚轴的周长是 50 mm，请用三菱 FX$_{3U}$ PLC 控制，请画出接线图，并进行编程。

4.5 某双轴步进电动机控制来驱动行走机械手，按下起动按钮后，行走机械手从 x 轴原点位置以 1500 pul/s 的速度向右行走 10000 个脉冲，然后再沿着 y 轴的方向以同样的速度向上行走 15000 个脉冲，最后停止。按下复位按钮下，该机械手返回到原点。请设计电气控制系统并编程。

⚙ **阅读材料——经济型自动化机器人系统解决方案**

　　直角坐标机器人是以直角坐标系为基本数学模型，以步进电动机为驱动的单轴机械臂为基本工作单元，以滚珠丝杠、同步带、齿轮齿条为常用传动方式所架构起来的机器人系统，可以完成在三维坐标系中任意一点的到达和遵循可控的运动轨迹。作为一种成本低廉、系统结构简单的自动化机器人系统解决方案，直角坐标机器可以被应用于点胶、滴塑、喷涂、码垛、分拣、包装、焊接、金属加工、搬运、上下料、装配、印刷等常见的工业生产领域，在替代人工，提高生产效率，稳定产品质量等方面具备显著的应用价值。

→ 第5章 ←

伺服电动机的控制

导读

伺服控制系统包括控制器、伺服驱动器、伺服电动机和位置检测反馈元件，伺服驱动器通过执行控制器的指令来控制伺服电动机，进而驱动机械装备的运动部件（这里指的是丝杠工作台），实现对装备的速度、转矩和位置控制。它广泛应用于高精度数控机床、机器人、纺织机械、印刷机械、包装机械、自动化流水线以及各种专用设备。本章主要介绍了伺服电动机及其控制基础、三菱 MR-JE 伺服控制的三种模式以及三菱 MR-J4 伺服控制等。

5.1　伺服电动机及其控制基础

5.1.1　伺服控制系统组成原理

伺服系统专指被控制量（系统的输出量）是机械位移或位移速度、加速度的反馈控制系统，其作用是使输出的机械位移（或转角）准确地跟踪输入的位移（或转角）。伺服系统的结构组成和其他形式的反馈控制系统没有原则上的区别。

图 5-1 所示为伺服控制系统组成原理图，它包括控制器、伺服驱动器、伺服电动机和位置检测反馈元件。伺服驱动器通过执行控制器的指令来控制伺服电动机，进而驱动机械装备的运动部件（这里指的是丝杠工作台），实现对装备的速度、转矩和位置控制。

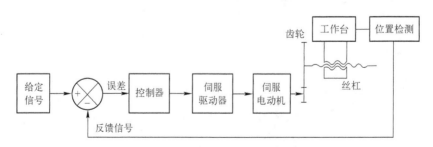

图 5-1　伺服控制系统组成原理图

从自动控制理论的角度来分析，伺服控制系统一般包括控制器、被控对象、执行环节、检测环节、比较环节五部分。

（1）比较环节

比较环节是将输入的指令信号与系统的反馈信号进行比较，以获得输出与输入间的偏差信号的环节，通常由专门的电路或计算机来实现。

（2）控制器

控制器通常是 PLC、计算机或 PID 控制电路，其主要任务是对比较元件输出的偏差信号进行变换处理，以控制执行元件按要求动作。

（3）执行环节

执行环节的作用是按控制信号的要求，将输入的各种形式的能量转化成机械能，驱动被控对象工作，这里一般指各种电动机、液压、气动伺服机构等。

（4）被控对象

机械参数量（包括位移、速度、加速度、力、力矩）为被控对象。

（5）检测环节

检测环节是指能够对输出进行测量并转换成比较环节所需要的量纲的装置，一般包括传感器和转换电路。

5.1.2 伺服电动机的原理与结构

伺服电动机与步进电动机不同的是，伺服电动机是将输入的电压信号变换成转轴的角位移或角速度输出，其控制速度和位置精度非常准确。

按使用的电源性质不同可以分为直流伺服电动机和交流伺服电动机两种。直流伺服电动机存在如下缺点：电枢绕组在转子上不利于散热；绕组在转子上，转子惯量较大，不利于高速响应；电刷和换向器易磨损导致需要经常维护、限制电动机速度、换向时会产生电火花等。因此，直流伺服电动机慢慢地被交流伺服电动机所替代。

交流伺服电动机一般是指永磁同步型电动机，它主要由定子、转子及测量转子位置的传感器构成，定子和一般的三相感应电动机类似，采用三相对称绕组结构，它们的轴线在空间彼此相差 120°，如图 5-2 所示；转子上贴有磁性体，一般有两对以上的磁极；位置传感器一般为光电编码器或旋转变压器 。

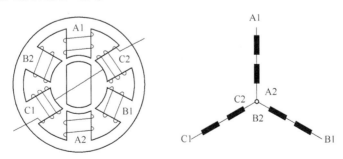

图 5-2 永磁同步型交流伺服电动机的定子结构

在实际应用中，伺服电动机的结构通常会采用如图 5-3 所示的方式，它包括电动机定子、转子、轴承、编码器、编码器连接线及伺服电动机连接线等。

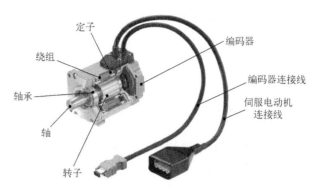

图 5-3 伺服电动机的通用结构

5.1.3 伺服驱动器的结构与控制模式

1. 伺服驱动器的内部结构

伺服驱动器又称功率放大器，其作用就是将工频交流电源转换成幅度和频率均可变的交流电源提供给伺服电动机，其内部结构如图 5-4 所示，跟之前介绍的变频器内部结构基本类似，主要包括主电路和控制电路。

伺服驱动器的主电路包括整流电路、充电保护电路、滤波电路、再生制动电路（能耗制动电路）、逆变电路和动态制动电路，可见比变频器的主电路增加了动态制动电路，即在逆变电路基极断路时，在伺服电动机和端子间加上适当的电阻器进行制动。电流检测器用于检测伺服驱动器输出电流的大小，并通过电流检测电路反馈给 DSP 控制电路。有些伺服电动机除了编码器之外，还带有电磁制动器，在制动线圈未通电时，伺服电动机被抱闸，线圈通电后抱闸松开，电动机方可正常运行。

控制电路有单独的控制电路电源，除了为 DSP 以及检测保护等电路提供电源外，对于大功率伺服驱动器来说，还提供散热风机电源。

2. 伺服驱动器的控制模式

交流伺服驱动器中一般都包含位置回路、速度回路和转矩回路，但使用时可将驱动器、电动机和运动控制器结合起来组合成不同的工作模式，以满足不同的应用要求。伺服驱动器主要有速度控制、转矩控制和位置控制三种模式。

（1）速度控制模式

图 5-5 所示的伺服驱动器的速度控制采取跟变频调速一致的方式进行，即通过控制输出电源的频率来对电动机进行调速。此时，伺服电动机工作在速度控制闭环，编码器会将速度信号检测反馈到伺服驱动器，跟设定信号（如多段速、电位器设定等）进行比较，然后进行速度 PID 控制。

（2）转矩控制模式

图 5-6 所示的伺服驱动器转矩控制模式是通过外部模拟量输入来控制伺服电动机的输出转矩。

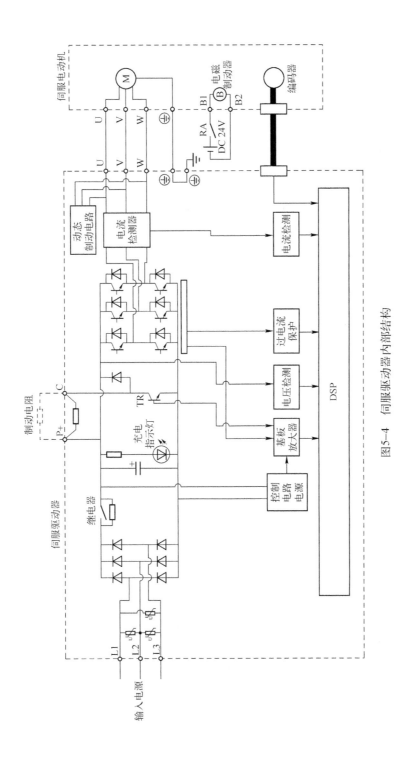

图5-4　伺服驱动器内部结构

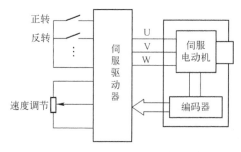

图 5-5　速度控制模式

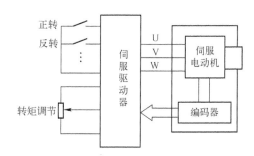

图 5-6　转矩控制模式

（3）位置控制模式

图 5-7 所示的驱动器位置控制模式可以接收 PLC 或定位模块等运动控制器送来的位置指令信号。以脉冲及方向指令信号形式为例，其脉冲个数决定了电动机的运动位置，其脉冲的频率决定了电动机的运动速度，而方向信号电平的高低决定了伺服电动机的运动方向。这与步进电动机的控制有相似之处，但脉冲的频率要高很多，以适应伺服电动机的高转速。

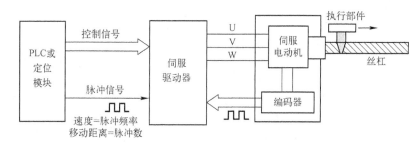

图 5-7　位置控制模式

5.2　三菱 MR-JE 伺服驱动器应用基础

5.2.1　MR-JE 伺服驱动器的规格型号和结构

1. 规格型号说明

三菱通用 AC 伺服 MELSERVO-JE 系列（以下简称 MR-JE）是以 MELSERVO-J4 系列为基础，在保持高性能的前提下对功能进行限制的 AC 伺服。它的控制模式有速度控制、转矩控制和位置控制三种。在位置控制模式下最高可以支持 4 Mpul/s 的高速脉冲串；同时还可以选择位置/速度切换控制、速度/转矩切换控制和转矩/位置切换控制。因此，MR-JE 伺服不但可以用于机床和普通工业机械的高精度定位和平滑的速度控制，还可以用于张力控制等，应用范围十分广泛。

图 5-8 所示为 MR-JE 系列伺服驱动器的规格型号说明。

记号	[kW]
10	0.1
20	0.2
40	0.4
70	0.75
100	1
200	2
300	3

图 5-8　三菱 MR-JE 系列伺服驱动器的规格型号说明

2. 内部结构

如图 5-9 所示为 MR-JE-100A 以下规格型号的内部结构。其中 MR-JE-10A 以及 MR-JE-20A 中没有内置再生电阻器，在使用单相 AC 200~240 V 电源时，将电源连接至 L1 和 L3，不要在 L2 上做任何连接。

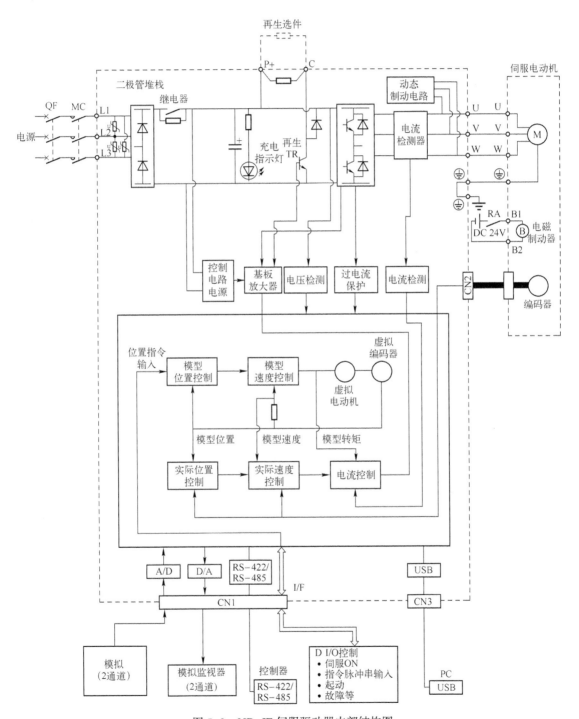

图 5-9 MR-JE 伺服驱动器内部结构图

3. MR-JE 伺服驱动器的外部结构

MR-JE 伺服驱动器的外部结构如图 5-10 所示。

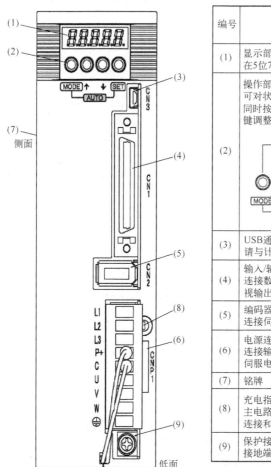

编号	名称·用途
(1)	显示部 在5位7段的LED中显示伺服的状态以及报警编号
(2)	操作部位 可对状态显示、诊断、报警以及参数进行操作。 同时按下"MODE"与"SET"3s以上，可进入单键调整模式
(3)	USB通信用连接器(CN3) 请与计算机连接
(4)	输入/输出信号用连接器(CN1) 连接数字输入/输出信号、模拟输入信号、模拟监视输出信号及RS-422/RS-485通信用控制器
(5)	编码器连接器(CN2) 连接伺服电动机编码器
(6)	电源连接器(CNP1) 连接输入电源、内置再生电阻器、再生选件以及伺服电动机
(7)	铭牌
(8)	充电指示灯 主电路存在电荷时亮灯。亮灯时请勿进行电线的连接和更换等
(9)	保护接地(PE)端子 接地端子

图 5-10 MR-JE 伺服驱动器的外部结构

5.2.2 MR-JE 伺服控制系统的构成与引脚定义

1. MR-JE 伺服控制系统的构成

图 5-11 所示为 MR-JE 伺服驱动器的系统构成。图 5-12 所示为 MR-JE 伺服控制系统的电气接线，上电采用 SB1 启动按钮控制接触器 KM 上电，并用到了 CN1 引脚的 SON 等来控制伺服 ON。

2. MR-JE 伺服控制系统的引脚定义

图 5-13 所示为 CN1 连接器的引脚结构。表 5-1 所示为 CN1 连接器引脚结构组成表，其中 PD03 表示伺服驱动器的参数，在本文的参数设置中一般写作 [Pr. PD03]，以与变频器参数进行区分。

CN1 引脚会随着伺服控制模式发生变化，其操作方法分配也会改变。目前共有三种模式，即 P（位置控制模式）、S（速度控制模式）、T（转矩控制模式），具体设置见表 5-2。

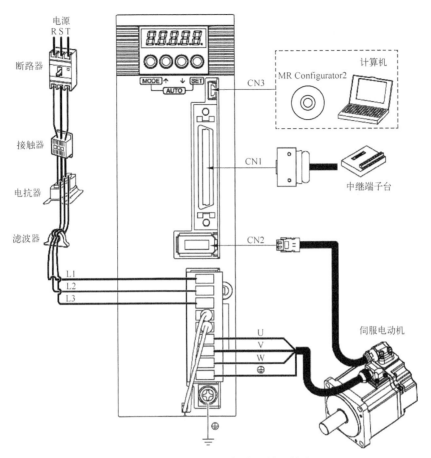

图 5-11 MR-JE 伺服控制系统的构成

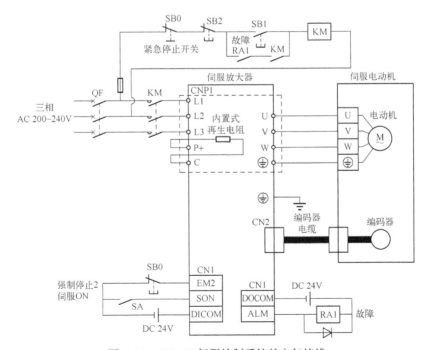

图 5-12 MR-JE 伺服控制系统的电气接线

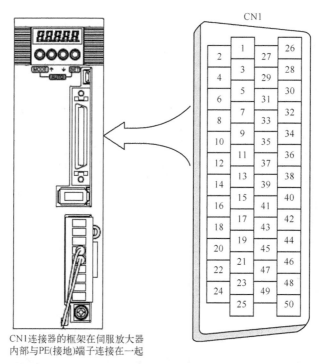

CN1连接器的框架在伺服放大器
内部与PE(接地)端子连接在一起

图 5-13　CN1 连接器引脚结构

表 5-1　CN1 连接器引脚结构组成表

引　　脚		引脚数	引　脚　编　号	相关参数
输入	数字量通用输入	5	CN1-15	PD03・PD04
			CN1-19	PD11・PD12
			CN1-41	PD13・PD14
			CN1-43	PD17・PD18
			CN1-44	PD19・PD20
	数字量专用输入	1	CN1-42	—
	定位脉冲输入	4	CN1-10、CN1-11、CN1-35、CN1-36	—
	模拟量控制输入	2	CN1-2、CN1-27	—
输出	数字量通用输出	3	CN1-23、CN1-24、CN1-49	PD24、PD25、PD28
	数字量专用输出	1	CN1-48	—
	编码器输出	7	CN1-4~CN1-9、CN1-33（集电极开路输出）	—
	模拟量输出	2	CN1-26、CN1-29	—
电源	+15V 电源输出 P15R	1	CN1-1	—
	控制公共端 LG	4	CN1-3、CN1-28、CN1-30、CN1-34	—
	数字接口电源输入 DICOM	2	CN1-20、CN1-21	—
	数字接口公共端 DOCOM	2	CN1-46、CN1-47	—
	集电极开路电源输入	1	CN1-12	—
	未使用	15	CN1-13、CN1-14、CN1-16~CN1-18、CN1-22、CN1-25、CN1-31、CN1-32、CN1-37~CN1-40、CN1-45、CN1-50	—

表 5-2　伺服驱动器参数［Pr. PA01］

编号	简称	名称	初始值	设定值	说　明
PA01	*STY	运行模式	1000h	1000h	1000h 表示选择位置控制模式（P） 1002h 表示选择速度控制模式（S） 1004h 表示选择转矩控制模式（T） ＿＿＿x 控制模式选择 0：位置控制模式 1：位置控制模式与速度控制模式 2：速度控制模式 3：速度控制模式与转矩控制模式 4：转矩控制模式 5：转矩控制模式与位置控制模式

图 5-14 所示为 MR-JE 伺服驱动器的引脚布置图。

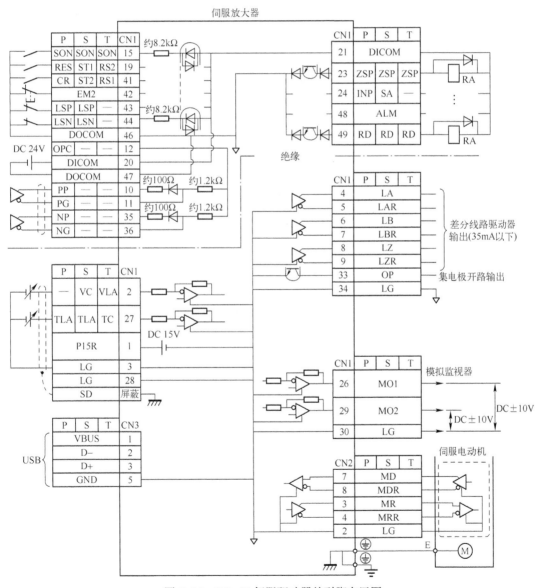

图 5-14　MR-JE 伺服驱动器的引脚布置图

（1）输入软元件

部分输入软元件见表 5-3。其中〇表示可在出厂状态下直接使用的软元件，△表示 [Pr.PA04]、[Pr.PD03]～[Pr.PD28]的设定中能够使用的软元件，连接器引脚编号栏的编号为初始状态下的值。

表 5-3　输入软元件

软元件名称	简称	连接器引脚编号	功能和用途	I/O 分类	控制模式		
					P	S	T
强制停止 2	EM2	CN1-42	当关闭 EM2（与公共端开路）时，将根据指令对伺服电动机进行减速停止。当从强制停止状态转到 EM2 开启（使公共端之间短路）时，则能够解除强制停止状态 [Pr, PA04] 的设置内容如下所示 EM2 和 EM1 为互斥功能 但是，在转矩控制模式下，EM2 与 EM1 功能相同	DI-1	〇	〇	〇
强制停止 1	EM1	(CN1-42)	在使用 EM1 时，请将 [Pr.PA04] 设置为"0＿ ＿ ＿"使其能够使用。关闭 EM1（与公共端）将会转为强制停止状态，基本电路断开，动态制动器动作后使伺服电动机减速停止。在从强制停止状态转为 EM1 开启（与公共端短路）时，则能够解除强制停止状态	DI-1	△	△	△
伺服 ON	SON	CN1-15	在开启 SON 时，主电路将会通电，变为可以运行的状态。（伺服 ON 状态）关闭后主电路将被切断，伺服电动机进入自由运行状态。在将 [Pr.PD01] 设置为"＿ ＿ ＿ 4"时，可以在内部变更为自动开启（始终开启）	DI-1	〇	〇	〇
复位	RES	CN1-19	开启 RES 50 ms 以上时可以对报警进行复位。有些报警无法通过 RES（复位）进行解除。没有发生报警的状态下，开启 RES 时会切断主电路。在将 [Pr.PD30] 设置为"＿ ＿ 1 ＿"时，基本路不会断开。该功能不用于停止。在运行中请勿开启	DI-1	〇	〇	〇
正转行程末端	LSP	CN1-43	运行时，请开启 LSP 以及 LSN。关闭时使用紧急停止然后伺服锁定。在将 [Pr.PD30] 设置为"＿＿＿1"时，将会变为减速停止	DI-1	〇	〇	—
反转行程末端	LSN	CN1-44		DI-1	〇	〇	—

表 5-3 中"强制停止 2"功能说明内部表格：

[Pr, PA04] 的设定值	EM2/EM1 的选择	减速方法	
		EM2 或者 EM1 为关闭	发生报警
0＿ ＿ ＿	EM1	不进行强制停止减速直接关闭 MBR（电磁制动互锁）	不进行强制停止减速直接关闭 MBR（电磁制动互锁）
2＿ ＿ ＿	EM2	在强制停止减速后关闭 MBR（电磁制动互锁）	在强制停止减速后关闭 MBR（电磁制动互联）

"反转行程末端"功能说明内部表格：

（注）输入软元件		运　转	
LSP	LSN	CCW 方向	CW 方向
1	1	〇	〇
0	1	—	〇
1	0	〇	〇
0	0	—	—

注：0：OFF
　　1：ON

（续）

软元件名称	简称	连接器引脚编号	功能和用途	I/O 分类	控制模式		
					P	S	T
反转行程末端	LSN	CN1-44	在按照下述方式对 [Pr. PD01] 进行设置时，可以在内部变更为自动 ON（常闭） 表格： 	[Pr, PD01]	状态 LSP	状态 LSN
_4__	自动 ON	—
_8__	—	自动 ON
_C__	自动 ON	自动 ON	 当 LSP 或 LSN 变为关闭，则会发生 [AL. 99 行程限制警告]，WNG（警告），变为开启。在使用 WNG 时，请通过 [Pr. PD24]，[Pr. PD25] 以及 [Pr. PD28] 的设置使其变为能够使用	DI-1	○	○	—
外部转矩制限选择	TL	—	在关闭 TL 时，[Pr. PA11 正转转矩制限] 以及 [Pr. PA12 反转转矩制限] 将生效，在开启 TL 时，TLA（模拟转矩制限）将生效	DI-1	△	△	—
内部转矩制限选择	TL1	—	当通过 [Pr. PD03]～[Pr. PD20] 使 TL1 能够使用时，则可以选择 [Pr. PC35 内部转矩制限 2]	DI-1	△	△	—
正转起动 / 反转起动	ST1 / ST2	—	起动伺服电动机 旋转方向如下 	（注）输入软元件 ST2	ST1	伺服电动机起动方向
0	0	停止（伺服锁定）
0	1	CCW
1	0	CW
1	1	停止（伺服锁定）	 注：0：OFF　1：ON 当在运行中同时开启或关闭 ST1 和 ST2 时，将通过 [Pr. PC02] 的设置值减速停止后进行伺服锁定 在将 [Pr. PC23] 设置为 "___1" 时，减速停止后不会进行伺服锁定	DI-1	—	△	—
正转选择 / 反转选择	RS1 / RS2	—	请选择伺服电动机的转矩发生方向 转矩发生方向如下 	（注）输入软元件 RS2	RS1	转矩发生方向
0	0	不发生转矩
0	1	正转驱动/反转再生
1	0	反转驱动/正转再生
1	1	不发生转矩	 注：0：OFF　1：ON	DI-1	—	—	△

（续）

软元件名称	简称	连接器引脚编号	功能和用途	I/O分类	控制模式 P	控制模式 S	控制模式 T
速度选择1	SP1	—	1. 速度控制模式时 请选择运行时的指令转速	DI-1	—	△	△
速度选择2	SP2	—		DI-1	—	△	△
速度选择3	SP3	—		DI-1	—	△	△
比例控制	PC	—	开启 PC，速度放大器能从比例积分模式切换为比例模式 伺服电动机在停止状态由于外部原因让其即使只是旋转1脉冲，也会产生转矩来补正其位置偏差。在定位结束（停止）后机械性的锁定轴的情况下，如果在定位结束的同时开启 PC（比例控制），则可以抑制修正偏离的不必要的转矩	DI-1	△	△	—

1. 速度控制模式时
请选择运行时的指令转速

（注）输入软元件			速 度 指 令
SP1	SP2	SP3	
0	0	0	VC（模拟速度指令）
0	0	1	Pr. PC05 内部速度指令 1
0	1	0	Pr. PC06 内部速度指令 2
0	1	1	Pr. PC07 内部速度指令 3
1	0	0	Pr. PC08 内部速度指令 4
1	0	1	Pr. PC09 内部速度指令 5
1	1	0	Pr. PC10 内部速度指令 6
1	1	1	Pr. PC11 内部速度指令 7

注：0：OFF
　　1：ON

2. 转矩控制模式时
请选择运行时的限制转速。

（注）输入软元件			速 度 限 制
SP1	SP2	SP3	
0	0	0	VLA（模拟速度限制）
0	0	1	Pr. PC05 内部速度限制 1
0	1	0	Pr. PC06 内部速度限制 2
0	1	1	Pr. PC07 内部速度限制 3
1	0	0	Pr. PC08 内部速度限制 4
1	0	1	Pr. PC09 内部速度限制 5
1	1	0	Pr. PC10 内部速度限制 6
1	1	1	Pr. PC11 内部速度限制 7

注：0：OFF
　　1：ON

（续）

软元件名称	简称	连接器引脚编号	功能和用途	I/O分类	控制模式 P	S	T
比例控制	PC	—	在长时间锁定的情况下，请在开启PC（比例控制）的同时也将TL（外部转矩限制选择）开启，通过TLA（模拟转矩限制）使转矩输出不高于额定转矩 请勿在转矩控制中使用PC（比例控制）。在转矩控制中使用了PC（比例控制）时，可能会以超出速度控制值的速度运行	DI-1	△	△	—
清零	CR	CN1-41	将CR设为ON，则在上升沿时清除位置控制计数器的滞留脉冲。请将脉冲宽度设置为10 ms及以上 在［Pr. PB03位置指令加减速时间常数］中设置的延迟量也将被消除。在将［Pr. PD32］设置为"___1"时，在CR处于开启的期间内将始终进行消除	DI-1	○	—	—
电子齿轮选择1	CM1	—	通过CM1和CM2的组合，可以选择4种电子齿轮的分子	DI-1	△	—	—
电子齿轮选择2	CM2	—		DI-1	△	—	—

（注）输入软元件 CM1	CM2	电子齿轮分子
0	0	Pr. PA06
0	1	Pr. PC32
1	0	Pr. PC33
1	1	Pr. PC34

注：0：OFF
1：ON

（2）输出软元件

部分输出软元件见表5-4。

表5-4 输出软元件

软元件名称	简称	连接器引脚编号	功能和用途	I/O分类	控制模式 P	S	T
故障	ALM	CN1-48	发生报警时ALM关闭 在没有发生报警时，在开启电源2.5~3.5 s之后，ALM将会开启 在将［Pr. PD34］设置为"__1_"时，如果发生报警或警告，则ALM将会关闭	DO-1	○	○	○
准备完成	RD	CN1-49	伺服ON，进入可运行状态，RD就开启	DO-1	○	○	○
到位	INP	CN1-24	滞留脉冲在已设定的到位范围内时INP ON。定位范围可以在［Pr. PA10］中进行变更。到位范围较大时，低速旋转时会常开。伺服ON后INP开启	DO-1	○	—	—

（续）

软元件名称	简称	连接器引脚编号	功能和用途	I/O分类	控制模式 P	S	T
速度达到	SA	CN1-24	伺服电动机转速到达下列范围时，SA 为 ON 设定速度±((设定速度×0.05)+20) r/min 设置速度在 20 r/min 以下时将始终为开启 即使当 SON（伺服 ON）关闭或者 ST1（正转起动）与 ST2（反转起动） 同时关闭，并通过外力使伺服电机的转速达到设置速度，其也不会变为开启	DO-1	—	○	—
速度限制中	VLC	—	在转矩控制模式，当达到［Pr. PC05 内部速度限制 1］~［Pr. PC11 内部速度限制 7］或 VLA（模拟速度限制）中所限制的速度时，VLC 将会开启 SON（伺服 ON）关闭时将会变为关闭	DO-1	—	—	△
转矩限制中	TLC	—	当在发生转矩时达到［Pr. PA11 正转转矩限制］，［Pr，PA12 反转转矩限制］或 TLA（模拟转矩限制）中所设置的转矩时，TLC 将会开启	DO-1	△	△	—
零速度检测	ZSP	CN1-23	伺服电动机转速在零速度以下时，ZSP 开启。零速度可以在［Pr. PC17］中进行变更 ①当伺服电动机的转速减速至 50 r/min 时，ZSP 将会开启；②当伺服电动机的转速再次上升至 70 r/min 时，ZSP 将会关闭；③当再次减速至 50 r/min 时，ZSP 将会开启；④当达到−70 r/min 时，ZSP 将会关闭 伺服电动机的转速达到开启水平 ZSP 开启，再次上升达到关闭水平位置的范围称为滞后幅度 伺服放大器的磁滞宽度为 20 r/min	DO-1	○	○	○
电磁制动互锁	MBR	—	在使用此软元件时，请在［Pr. PC16］中对电磁制动器的工作延迟时间进行设置 伺服 OFF 或者发生报警时，MBR 关闭	DO-1	△	△	△
警告	WNG	—	发生警告时，WNG 开启。在没有发生警告时，在电源开启 2.5~3.5 s 之后，WNG 将会关闭	DO-1	△	△	△

5.2.3 MR-JE 伺服驱动器的显示操作与参数设置

MR-JE 伺服驱动器通过显示部分（5位的 7 段 LED）和操作部分（4 个按键）对伺服驱动器的状态、报警、参数进行设置等操作。此外，同时按下 "MODE" 与 "SET" 3 s 以上，即跳转至一键式调整模式。如图 5-15 所示记载了操作部分和显示内容。

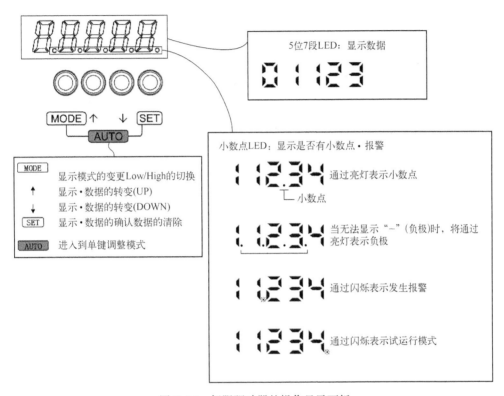

图 5-15 伺服驱动器的操作显示面板

1. 显示流程

如表 5-5 所示，按下 "MODE" 按键一次后将会进入到下一个显示模式。其中在对增益·滤波器参数，扩展设置参数以及输入/输出设置参数进行引用以及操作时，请在基本设置参数 [Pr. PA19 禁止写入参数] 中设置为有效。

2. 状态显示

运行中的伺服驱动器的状态能够显示在 5 位 7 段 LED 显示器上。通过 "UP" 或 "DOWN" 按键可以对内容进行变更。显示所选择的符号，在按下 "SET" 按键之后将会显示其数据。

（1）显示的转换

如图 5-16 所示，通过 "MODE" 按键进入到状态显示模式，在按下 "UP" 或者 "DOWN" 按键之后，将按照如下所示的内容进行转换。

变频器与伺服应用

表 5-5　各种显示模式及初始画面

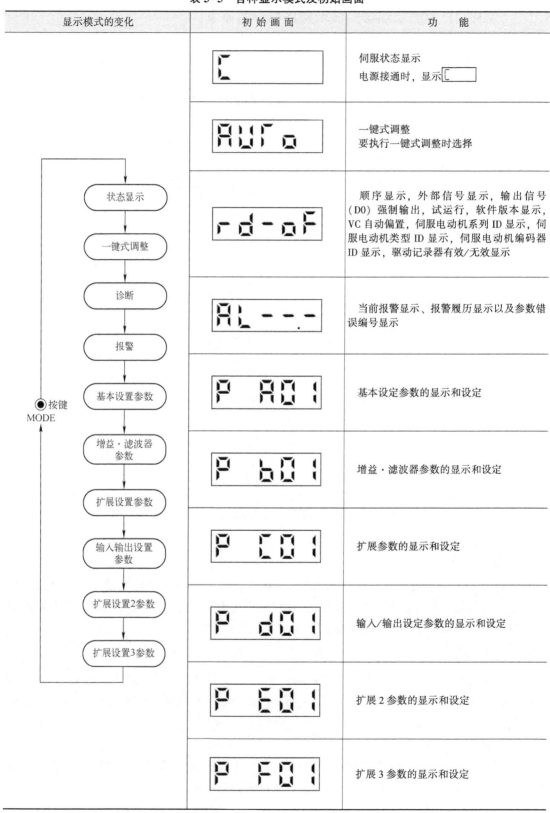

显示模式的变化	初 始 画 面	功　能
	C	伺服状态显示 电源接通时，显示 C
	AUTo	一键式调整 要执行一键式调整时选择
状态显示 一键式调整 诊断 报警 ●按键 MODE 基本设置参数 增益·滤波器参数 扩展设置参数 输入输出设置参数 扩展设置2参数 扩展设置3参数	rd-oF	顺序显示，外部信号显示，输出信号（DO）强制输出，试运行，软件版本显示，VC自动偏置，伺服电动机系列ID显示，伺服电动机类型ID显示，伺服电动机编码器ID显示，驱动记录器有效/无效显示
	AL--.-	当前报警显示、报警履历显示以及参数错误编号显示
	P A01	基本设定参数的显示和设定
	P b01	增益·滤波器参数的显示和设定
	P C01	扩展参数的显示和设定
	P d01	输入/输出设定参数的显示和设定
	P E01	扩展2参数的显示和设定
	P F01	扩展3参数的显示和设定

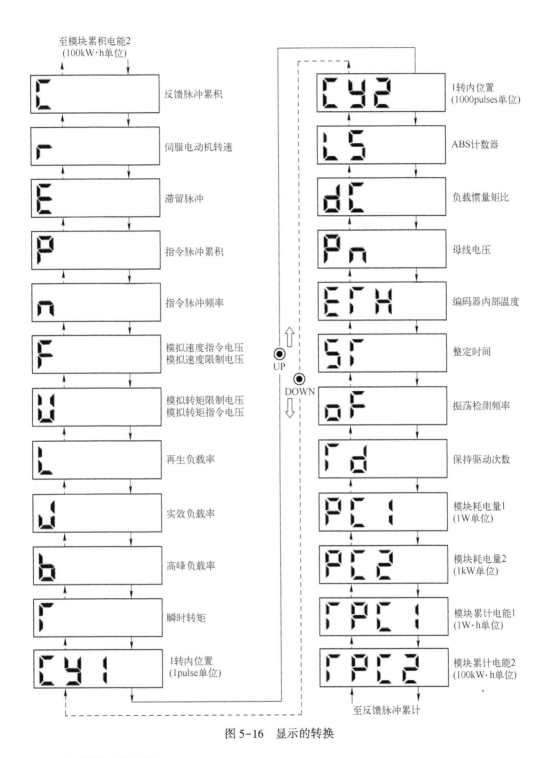

图 5-16 显示的转换

（2）参数模式的转换

通过"MODE"按键进入各参数模式，在按下"UP"或"DOWN"按键之后显示内容将按照如图 5-17 所示的顺序进行转换。

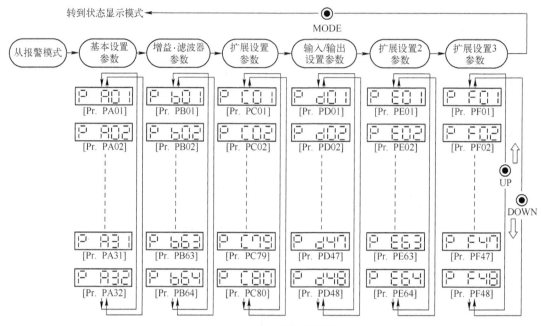

图 5-17　各种模式的转换

（3）参数的修改

参数的修改分为 5 位及以下的参数修改和 6 位及以上的参数修改。

前者示例：通过［Pr. PA01 运行模式］变更为速度控制模式时，接通电源后的操作方法示例如图 5-18 所示。按下"MODE"按键进入基本设置参数画面。按"UP"或"DOWN"按键移动到下一个参数。更改［Pr. PA01］需要在修改设置值后关闭一次电源，在重新接通电源后更改才会生效。

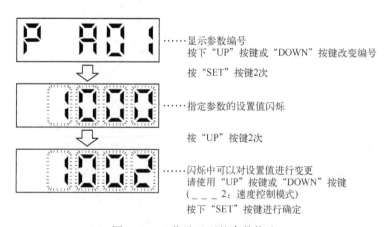

图 5-18　5 位及以下的参数修改

后者示例：将［Pr. PA06 电子齿轮分子］变更为"123456"时的操作方法示例如图 5-19 所示。

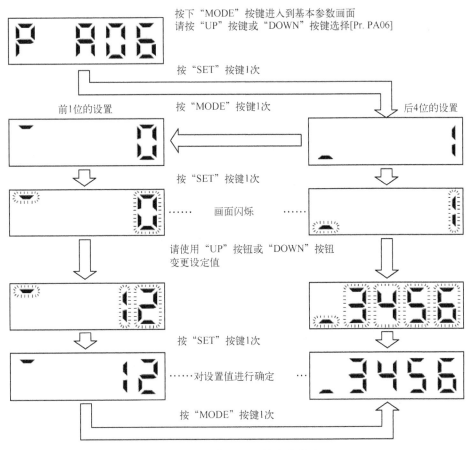

图 5-19 6 位及以上的参数修改

（4）外部输入/输出信号显示

图 5-20 表示接通电源后的显示器画面。使用"MODE"按键进入诊断画面。

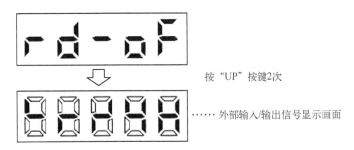

图 5-20 诊断画面

7 段 LED 的位置与 CN1 连接器引脚的对应情况如图 5-21 所示。

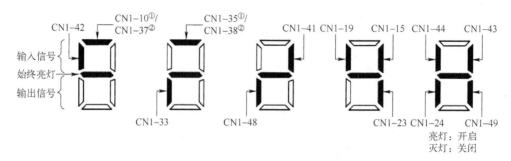

图 5-21　7 段 LED 的位置与 CN1 连接器引脚的对应情况

注：1. 可用于软件版本 B7 以上的伺服放大器中。

　　2. 可用于软件版本 B7 以上并且是 2015 年 5 月以后生产的伺服放大器中。

5.3　三菱伺服 MR-JE 的速度控制

5.3.1　MR-JE 伺服速度控制模式接线

图 5-22 所示为 MR-JE 伺服使用漏型输入、输出接口时的速度控制模式接线图，ST1 和 ST2 控制伺服电动机正反转，P15R、VC 和 LG 对应的引脚与电位器相连，按照模拟量设定的速度运行，或者通过选择速度选择端 SP1、SP2、SP3 并以内部速度指令设定的速度运行。

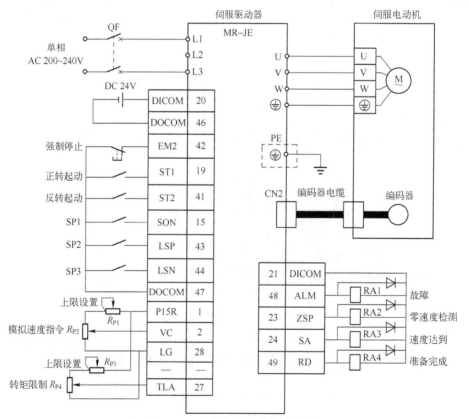

图 5-22　速度控制模式的接线图

5.3.2 模拟速度指令方式

图 5-23 所示为模拟速度指令方式接线图，跟 5.3.1 中不同的是这里将转矩限制取消了。图 5-24 所示为给定电压与转速关系示意图，通过模拟速度指令 VC 的电压设置的转速运行。在初始设置下，±10 V 时为额定转速，该额定转速值可以在 [Pr. PC12] 中进行变更。

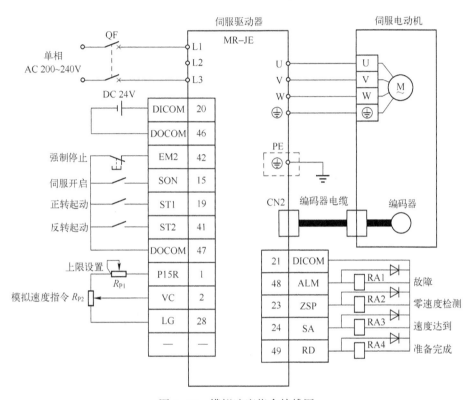

图 5-23 模拟速度指令接线图

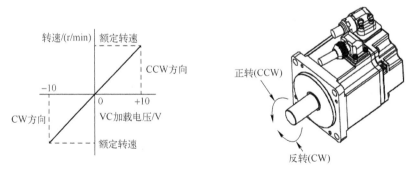

图 5-24 给定电压与转速关系示意图

基于 ST1（正转起动）及 ST2（反转起动）的旋转方向见表 5-6。其中 0 表示 OFF，1 表示 ON。如果在伺服锁定中解除转矩限制，则根据指令位置对应的位置偏差量，伺服电动机有可能会快速旋转。

表 5-6　速度控制模式下的电动机旋转方向

输入软元件		旋 转 方 向			
ST2	ST1	VC（模拟速度指令）			内部速度指令
		+极性	0 V	-极性	
0	0	停止 （伺服锁定）	停止 （伺服锁定）	停止 （伺服锁定）	停止 （伺服锁定）
0	1	CCW	停止 （无伺服锁定）	CW	CCW
1	0	CW		CCW	CW
1	1	停止 （伺服锁定）	停止 （伺服锁定）	停止 （伺服锁定）	停止 （伺服锁定）

5.3.3　多段速指令方式

多段速指令方式下，采用 SP1、SP2、SP3 引脚的速度选择 1、速度选择 2、速度选择 3 功能，其多段速控制状态见表 5-7，接线图如图 5-25 所示。

表 5-7　多段速控制状态

输 入 信 号			速 度 指 令
SP3	SP2	SP1	
0	0	0	VC（模拟速度指令）
0	0	1	PC05（内部速度指令 1）
0	1	0	PC06（内部速度指令 2）
0	1	1	PC07（内部速度指令 3）
1	0	0	PC08（内部速度指令 4）
1	0	1	PC09（内部速度指令 5）
1	1	0	PC10（内部速度指令 6）
1	1	1	PC11（内部速度指令 7）

表 5-8 所示为 7 段速（分别为 100 r/min、200 r/min、300 r/min、400 r/min、500 r/min、600 r/min、500 r/min）控制的伺服驱动器参数设置。

表 5-8　7 段速控制的伺服驱动器参数设置

编号	简称	名称	初始值	设定值	说明
PA01	*STY	运行模式	1000h	1002h	选择速度控制模式
PC01	STA	速度加速时间常数	0	1000	设置成加速时间为 1000 ms
PC02	STB	速度减速时间常数	0	1000	设置成减速时间为 1000 ms
PC05	SC1	内部速度指令 1	100	100	设定内部速度指令的第 1 速度
PC06	SC2	内部速度指令 2	500	200	设定内部速度指令的第 2 速度
PC07	SC3	内部速度指令 3	1000	300	设定内部速度指令的第 3 速度
PC08	SC4	内部速度指令 4	200	400	设定内部速度指令的第 4 速度
PC09	SC5	内部速度指令 5	300	500	设定内部速度指令的第 5 速度

（续）

编号	简称	名称	初始值	设定值	说明
PC10	SC6	内部速度指令6	500	600	设定内部速度指令的第6速度
PC11	SC7	内部速度指令7	800	700	设定内部速度指令的第7速度
PD01	*DIA1	输入信号自动ON选择1	0000h	0C00h	LSP/LSN内部自动置ON
PD03	*DI1L	输入软元件选择1L	0202h	0 2 _ _	在速度模式把CN1-15引脚改成SON
PD11	*DI5L	输入软元件选择5L	0703h	0 7 _ _	在速度模式把CN1-19引脚改成ST1
PD13	*DI6L	输入软元件选择6L	0806h	2 0 _ _	在速度模式把CN1-41引脚改成SP1
PD17	*DI8L	输入软元件选择8L	0A0Ah	2 1 _ _	在速度模式把CN1-43引脚改成SP2
PD19	*DI9L	输入软元件选择9L	0B0Bh	2 2 _ _	在速度模式把CN1-44引脚改成SP3

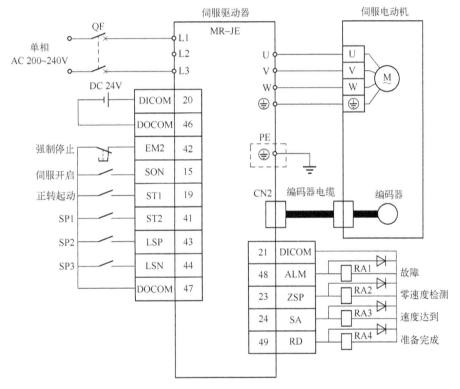

图5-25 多段速控制方式接线图

5.3.4 【实操任务5-1】PLC控制三菱伺服多段速运行

任务说明

实操任务5-1

用三菱PLC控制伺服电动机,按下启动按钮后,先以1000 r/min的速度运行10 s,接着以800 r/min的速度运行20 s,再以1500 r/min的速度运行25 s,然后反向以900 r/min的速度运行30 s,85 s后重复上述运行过程。在运行过程中,按下停止按钮,伺服电动机停止运行。

请设计FX$_{3U}$ PLC控制三菱伺服电动机来实现以上多段速。

实操思路

1. 选择合理的实操设备。如 FX$_{3U}$-32MT PLC 一台，三菱 MR-JE-20A 伺服驱动器一台，相对应的伺服电动机 HG-JN23J-S100 一台。

2. 对三菱 FX$_{3U}$-32MT PLC 进行 I/O 分配，见表 5-9。其中 Y2~Y4 表示多段速选择。

表 5-9　I/O 分配

输入继电器	输入元件	作　用	输出继电器	伺服 CN1 引脚	作　用
X0	SB1	启动按钮	Y0	ST1	正转
X1	SB2	停止按钮	Y1	ST2	反转
			Y2	SP1	多段速选择
			Y3	SP2	多段速选择
			Y4	SP3	多段速选择

3. 完成图 5-26 所示的电气线路图。其中 SON、LSP、LSN 内部自动为 ON。

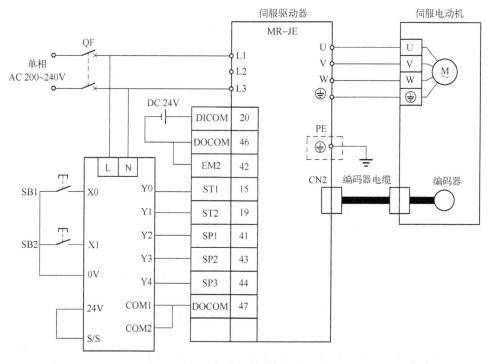

图 5-26　PLC 控制三菱伺服多段速运行

4. 伺服驱动器参数设置见表 5-10，其中［Pr. PD03］~［Pr. PD19］参数的前两位是设定位。

表 5-10　伺服驱动器参数

编　号	简　称	名　　称	初始值	设定值	说　　明
PA01	*STY	运行模式	1000h	1002h	选择速度控制模式
PC01	STA	速度加速时间常数	0	1000	设置成加速时间为 1000 ms

（续）

编　号	简　称	名　　称	初始值	设定值	说　　明
PC02	STB	速度减速时间常数	0	1000	设置成减速时间为 1000 ms
PC05	SC1	内部速度指令 1	100	1000	设定内部速度指令的第 1 速度
PC06	SC2	内部速度指令 2	500	800	设定内部速度指令的第 2 速度
PC07	SC3	内部速度指令 3	1000	1500	设定内部速度指令的第 3 速度
PC08	SC4	内部速度指令 4	200	900	设定内部速度指令的第 4 速度
PD01	*DIA1	输入信号自动 ON 选择 1	0000h	0C04h	SON/LSP/LSN 内部自动置 ON
PD03	*DI1L	输入软元件选择 1L	0202h	0 7＿＿	在速度模式把 CN1-15 引脚改成 ST1
PD11	*DI5L	输入软元件选择 5L	0703h	0 8＿＿	在速度模式把 CN1-19 引脚改成 ST2
PD13	*DI6L	输入软元件选择 6L	0806h	2 0＿＿	在速度模式把 CN1-41 引脚改成 SP1
PD17	*DI8L	输入软元件选择 8L	0A0Ah	2 1＿＿	在速度模式把 CN1-43 引脚改成 SP2
PD19	*DI9L	输入软元件选择 9L	0B0Bh	2 2＿＿	在速度模式把 CN1-44 引脚改成 SP3

5. PLC 梯形图程序设计

本案例是典型的 PLC 顺序控制，所以引入 S20~S23 状态元件，具体如图 5-27 所示。起动后进入 S20 状态（步），伺服电动机以 1000 r/min 速度运行，延时 10 s 后进入 S21 状态（步）；在 S21 状态（步）中，伺服电动机以 800 r/min 速度运行，延时 20 s 后进入 S22 状态（步）；在 S22 状态（步）中，伺服电动机以 1500 r/min 速度运行，延时 25 s 后进入 S23 状态（步）；在 S23 状态（步）中，伺服电动机以 900 r/min 速度反向运行，延时 30 s 后回到 S20 状态（步）；依次循环，直到按下停止按钮终止。

图 5-27　PLC 控制三菱伺服多段速运行梯形图

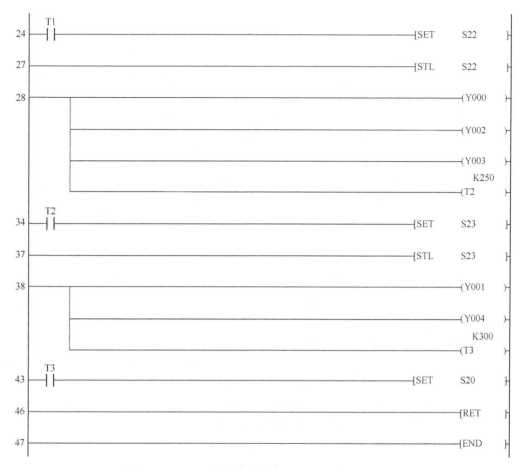

图 5-27 PLC 控制三菱伺服多段速运行梯形图（续）

5.4 三菱伺服 MR-JE 的转矩控制

5.4.1 MR-JE 伺服转矩控制模式接线

图 5-28 所示为三菱 MR-JE 伺服转矩控制模式接线图，图中 TC 和 LG 引脚通过所接电位器加上 0~±8 V 的电压，调节电位器就可以调节伺服电动机的转矩输出。

5.4.2 转矩限制与速度限制

在图 5-28 中，通过调节 R_{P1} 和 R_{P2} 的电位器值，就可以使得 TC 端的加载电压在 0~8 V 范围之间变化，并根据图 5-29 所示为 TC 加载电压与转矩之间的关系来控制伺服电动机的转矩。使用 TC 电压时，RS1（正转）和 RS2（反转）决定转矩的输出发生方向，见表 5-11。

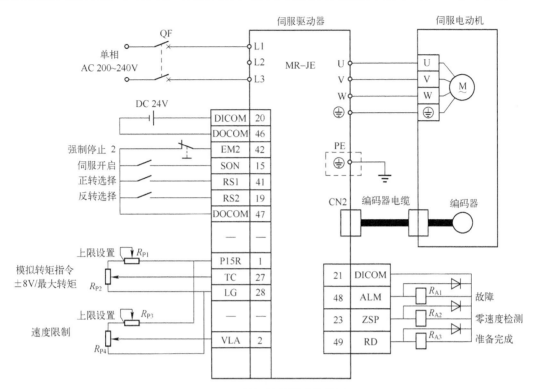

图 5-28 转矩控制模式接线图

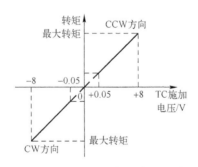

图 5-29 加载电压与转矩之间的关系

表 5-11 转矩控制模式下的电动机旋转方向

输 入 设 备		旋转方向（TC 模拟转矩指令）		
RS2	RS1	+极性	0 V	-极性
0	0	不输出转矩		不输出转矩
0	1	CCW（正转驱动，反转再生）	不发生转矩	CW（反转驱动，正转再生）
1	0	CW（反转驱动，正转再生）		CCW（正转驱动，反转再生）
1	1	不输出转矩		不输出转矩

如图 5-30 所示，在［Pr. PC38］中可以设置针对 TC 模拟电压的指令偏置，其范围为 -9999～9999 mV。

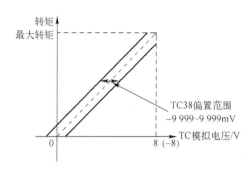

图 5-30　模拟转矩指令偏置

　　受到［Pr. PC05］~［Pr. PC11］中设置的转速，或通过 VLA（模拟速度限制）的加载电压设置的转速的限制，当在［Pr. PD03］~［Pr. PD20］的设置中，将 SP1（速度选择 1）、SP2（速度选择 2）、SP3（速度选择 3）设置为可用时，可以选择 VLA 以及内部速度限制 1 ~7 的速度限制值，具体见表 5-12。

表 5-12　转矩控制模式下的速度限制值的选择

输 入 信 号			速 度 限 制
SP3	SP2	SP1	
0	0	0	VC（模拟速度限制）
0	0	1	PC05（内部速度限制 1）
0	1	0	PC06（内部速度限制 2）
0	1	1	PC07（内部速度限制 3）
1	0	0	PC08（内部速度限制 4）
1	0	1	PC09（内部速度限制 5）
1	1	0	PC10（内部速度限制 6）
1	1	1	PC11（内部速度限制 7）

　　VLA（模拟速度限制）的加载电压与转速的关系如图 5-31 所示。当伺服电动机转速达到速度限制时，转矩控制可能变得不稳定，因此，需要将该设置值在想要进行速度限制值的基础上再加上 100 r/min。

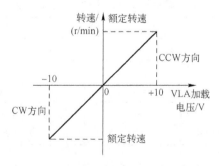

图 5-31　VLA 的加载电压与转速的关系

5.4.3 【实操任务5-2】卷纸机恒张力转矩控制

任务说明

实操任务5-2

图5-32所示为卷纸机结构示意图。在卷纸时,压纸辊将纸压在托纸辊上,卷纸辊在伺服电动机的驱动下卷纸,托纸辊和压纸辊也随之旋转,当收卷的纸达到一定长度时切刀动作,将纸切断,然后进行下一次卷纸过程,其卷纸长度由随托纸辊同轴旋转的编码器来测量。

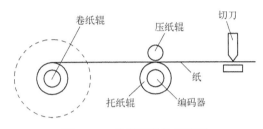

图5-32 卷纸机结构示意图

现用三菱PLC、伺服驱动器和伺服电动机来组成卷纸机控制系统,其控制要求如下。

1)按下启动按钮后,伺服电动机驱动卷纸辊开始卷纸,要求张力保持恒定,即开始时卷纸辊快速旋转,随着卷纸直径不断扩大,卷纸辊转速逐渐变慢。当卷纸达到100m时切刀动作。

2)按下暂停按钮后,卷纸机停止工作,记录编码器当前的纸长度;再按下启动按钮后,卷纸机在暂停的长度上继续工作,直到100m为止。

3)按下停止按钮后,卷纸停止工作,不记录卷纸长度;再按下启动按钮后,卷纸机从0开始工作,直到100m为止。

实操思路

1. 选择合理的实操设备。如FX_{3U}-32MT PLC一台,三菱MR-JE-20A伺服驱动器一台,相对应的伺服电动机HG-JN23J-S100一台。

2. 对三菱FX_{3U}-32MT PLC进行I/O分配,见表5-13。

表5-13 I/O分配

输入继电器	输入元件	作　用	输出继电器	伺服CN1引脚	作　用
X0		脉冲输入	Y0	SON	伺服ON
X1	SB1	启动按钮	Y1	RS1	正转
X2	SB2	暂停按钮	Y2	SP1	速度限制1
X3	SB3	停止按钮	Y4		切刀动作KA

3. 完成图5-33所示的电气线路图。其中LSP、LSN内部自动为ON。PLC通过KA继电器控制切刀动作。

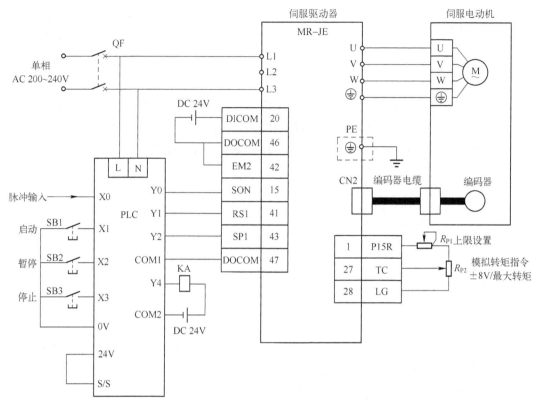

图 5-33　卷纸机恒张力转矩控制电气控制图

4. 伺服驱动器参数设置见表 5-14，其中［Pr. PD03］~［Pr. PD19］参数的后两位是设定位。

表 5-14　伺服驱动器参数设置

编　号	简　称	名　　称	初始值	设定值	说　明
PA01	*STY	运行模式	1000h	1004h	选择转矩控制模式
PC01	STA	速度加速时间常数	0	1000	设置成加速时间为 1000 ms
PC02	STB	速度减速时间常数	0	1000	设置成减速时间为 1000 ms
PC05	SC1	内部速度限制 1	100	1000	设定内部速度限定的第 1 速度
PC13	TLC	模拟转矩指令最大输出	100. 0	100. 0	按照最大转矩 100% 进行设置
PD01	*DIA1	输入信号自动 ON 选择 1	0000h	0C00h	LSP、LSN 内部自动置 ON
PD04	*DI1H	输入软元件选择 1H	0202h	__0 2	在转矩模式把 CN1-15 引脚改成 SON
PD14	*DI6H	输入软元件选择 6H	3908h	__0 8	在转矩模式把 CN1-41 引脚改成 RS1
PD18	*DI8H	输入软元件选择 8H	0700h	__2 0	在转矩模式把 CN1-43 引脚改成 SP1

5. PLC 梯形图程序设计

先设定托纸辊带动编码器旋转一圈产生 1000 个脉冲，其周长为 0.05 m，当传送纸张的长度达到 100 m 时，编码器产生的总脉冲数 D 为 100×(1000/0. 05) = 2000000 个。

如图 5-34 所示为 PLC 梯形图程序，采用高速计数器 C235 对 X0 输入端的脉冲数进行计数。当按下启动按钮 X1 时，M0 置 "1"，Y0 和 Y1 置 "1"，伺服电动机起动，同时通过乘法运算将脉冲数送到数据寄存器 D0 中，该数据与 C235 的当前值进行比较，相等时 Y4 置 "1"，切刀动作，切刀的时间由 T0 设定。当按下暂停按钮 X2 时，C235 不复位。而按下停止按钮时，C235 复位。

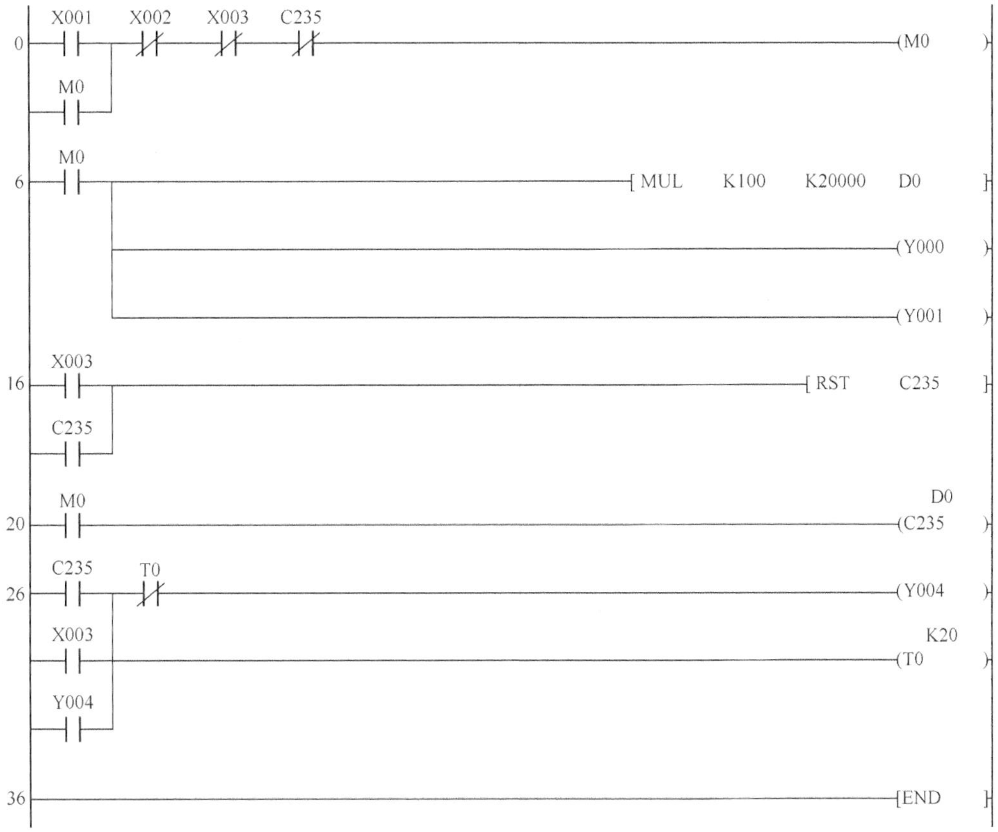

图 5-34　卷纸机恒张力转矩控制梯形图

5.5　三菱伺服 MR-JE 的定位控制

5.5.1　MR-JE 伺服定位控制模式接线

图 5-35 所示为三菱 MR-JE 伺服定位控制模式接线图，需要接收脉冲信号来进行定位。指令脉冲串能够以集电极漏型、集电极源型和差动线驱动 3 种形态输入，同时可以选择正逻辑或者负逻辑。其中指令脉冲串形态在 [Pr. PA13] 中进行设置。

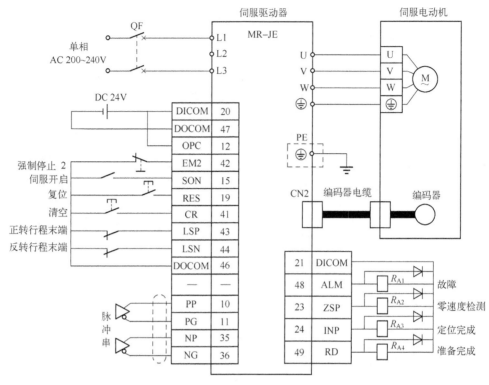

图 5-35　定位控制模式接线图

1. 集电极开路方式

按图 5-36 所示进行集电极开路方式连接。

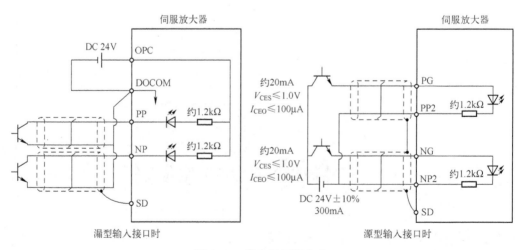

图 5-36　集电极开路方式

将 [Pr. PA13] 设置为 "＿＿1 0"，将输入波形设置为负逻辑，正转脉冲串以及反转脉冲串时的说明如图 5-37 所示。

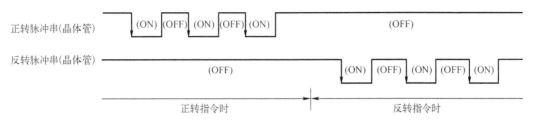

图 5-37 负逻辑时的正转脉冲串和反转脉冲串

2. 差动线驱动方式

按图 5-38 所示进行差动线驱动方式连接。

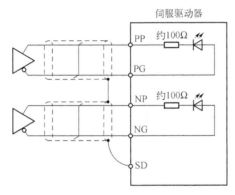

图 5-38 差动线驱动方式

该方式下，将 ［Pr. PA13］ 设置为 "＿＿1 0"，正转脉冲串和反转脉冲串示意如图 5-39 所示。

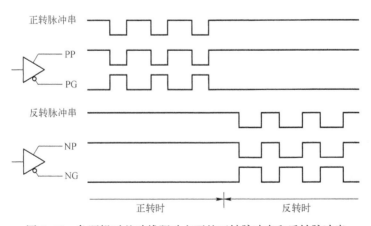

图 5-39 负逻辑时差动线驱动方下的正转脉冲串和反转脉冲串

5.5.2 电子齿轮功能与电子齿轮比参数

伺服电动机控制的 "电子齿轮" 功能，主要调整电动机旋转 1 圈所需要的指令脉冲数，以保证电动机转速能够达到需求转速。例如上位机 PLC 最大发送脉冲频率为 200 kHz，若不修改电子齿轮比，则电动机旋转 1 圈需要 10000 个脉冲，那么电动机最高转速为 1200 r/min，若将电子齿轮比设为2:1，或者将每转脉冲数设定为5000，则此时电动机可以达到2400 r/min 转速。

在三菱 S 伺服控制中，电子齿轮比如图 5-40 所示，其中 P_t 为伺服电动机分辨率；$\dfrac{P_t}{\text{FBP}}$ 为每转指令输入脉冲数，即 [Pr. PA05] 参数设置为 "1000"～"1000000"。

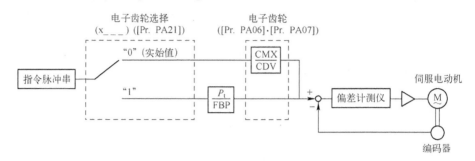

图 5-40　电子齿轮比的定义

表 5-15 所示为滚珠丝杠、圆台、皮带和滑轮三种类型负载的电子齿轮比计算步骤。

表 5-15　电子齿轮比计算步骤

步骤 \ 负载	滚珠丝杠	圆台	皮带和滑轮
1	*P*：节距；*C*：指令单位 1 圈 $=\dfrac{P}{C}$	*C*：指令单位 1 圈 $=\dfrac{360°}{C}$	*D*：滑轮直径；*C*：指令单位 1 圈 $=\dfrac{\pi D}{C}$
2	滚珠丝杠节距：6 mm	1 圈旋转角度：360°	滑轮周长：$\pi * D = 3.14 * 100$ mm $=314$ mm
3	机械减速比：1/1	机械减速比：3/1	机械减速比：2/1
4	$\dfrac{P_t}{\text{FBP}}=2500$ 脉冲数/转	$\dfrac{P_t}{\text{FBP}}=2500$ 脉冲数/转	$\dfrac{P_t}{\text{FBP}}=2500$ 脉冲数/转
5	1 指令单位：0.001 mm	1 指令单位：0.1°	1 指令单位：0.02 mm
6	每圈完成1节距需要的指令单位数（即表中第2项除以第5项） 6 mm/0.001 mm=6000	每圈完成旋转1周需要的指令单位数（即表中第2项除以第5项） 360°/0.1°=3600	每圈完成1周长需要的指令单位数（即表中第2项除以第5项） 314 mm/0.02 mm=15700
7	电子齿轮比=第4项×系数 *k*（这里取4）×第3项/第6项，即 电子齿轮比$=\dfrac{2500\times4}{6000}\times\dfrac{1}{1}=\dfrac{5}{3}$	电子齿轮比=第4项×系数 *k*（这里取4）×第3项/第6项，即 电子齿轮比$=\dfrac{2500\times4}{3600}\times\dfrac{3}{1}=\dfrac{25}{3}$	电子齿轮比=第4项×系数 *k*（这里取4）×第3项/第6项，即 电子齿轮比$=\dfrac{2500\times4}{15700}\times\dfrac{2}{1}=\dfrac{200}{157}$

5.5.3 三菱 FX_{3U} PLC 控制伺服电动机位置控制常用指令

除了前文介绍的控制步进电动机的三菱 PLC 指令之外，FX_{3U} PLC 控制伺服电动机还会用到以下控制指令。

1. DSZR／带 DOG 搜索的原点回归

DSZR，是执行原点回归，使机械位置与 PLC 内的当前值寄存器一致的指令。如图 5-41 所示，通过驱动 DSZR 指令，开始机械原点回归，以指定的原点回归速度动作。如果 DOG 的传感器为 ON，则减速为爬行速度。有零点信号输入时停止，完成原点回归。

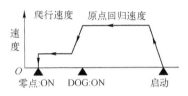

图 5-41 DSZR 动作示意

DSZR 指令格式为

其中 DSZR 操作数说明见表 5-16，$(S_2\cdot)$需要指定 X000～X007；$(D_1\cdot)$为基本单元的晶体管输出的 Y000、Y001、Y002，或是高速输出特殊适配器的 Y000、Y001、Y002、Y003；$(D_2\cdot)$使用 FX_{3U} PLC 的脉冲输出对象地址中高速输出特殊适配器时，旋转方向信号使用表 5-17 中的输出，使用 FX_{3U} PLC 的脉冲输出对象地址中内置的晶体管输出时，旋转方向信号使用晶体管输出。

表 5-16 DSZR 操作数说明

操作数种类	内　容
$(S_1\cdot)$	指定输入近点信号（DOG）的软元件编号
$(S_2\cdot)$	指定输入零点信号的输入编号
$(D_1\cdot)$	指定输出脉冲的输出编号
$(D_2\cdot)$	指定旋转方向信号的输出对象编号

表 5-17 高速输出特殊适配器

高速输出特殊适配器的连接位置	脉冲输出	旋转方向的输出
第 1 台	$(D_1\cdot)$ = Y000	$(D_2\cdot)$ = Y004
	$(D_1\cdot)$ = Y001	$(D_2\cdot)$ = Y005
第 2 台	$(D_1\cdot)$ = Y002	$(D_2\cdot)$ = Y006
	$(D_1\cdot)$ = Y003	$(D_2\cdot)$ = Y007

2. DVIT／中断定位

DVIT，是执行单速中断定长进给的指令。如图 5-42 所示，通过驱动 DVIT 指令，以运行速度动作，如果中断输入为 ON，则运行指定的移动量后，减速停止。

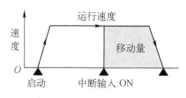

图 5-42 DVIT 工作示意

DVIT 指令格式为

其中 DVIT 操作数说明见表 5-18，S_1 需要指定设定范围：16 位运算时为 -32768 ~ +32767（0 除外），32 位运算时为 -999999 ~ +999999（0 除外）；S_2 设定范围：16 为运算时为 10~32、767（Hz），32 位运算时见表 5-19；D_1 需要指定基本单元的晶体管输出 Y000、Y001、Y002，或是高速输出特殊适配器的 Y000、Y001、Y002、Y003；D_2 如采用内置的晶体管输出时旋转方向信号也要使用晶体管输出，如采用高速输出特殊适配器时，旋转方向信号使用表 5-20 中的格式。

表 5-18　DVIT 操作数说明

操作数种类	内　　容	数 据 类 型
S_1	指定中断后的输出脉冲数（相对地址）	BIN16/32 位
S_2	指定输出脉冲频率	
D_1	指定输出脉冲的输出编号	位
D_2	指定旋转方向信号的输出对象编号	

表 5-19　（S2.）32 位运算时设定范围

脉冲输出对象		设定范围/Hz
FX$_{3U}$ 可编程控制器	高速输出特殊适配器	10~200000
FX$_{3U}$ · FX$_{3UC}$ 可编程控制器	基本单元（晶体管输出）	10~100000

表 5-20　特殊适配器连接时脉冲输出与旋转方向的输出

高速输出特殊适配器的连接位置	脉 冲 输 出	旋 转 方 向 的 输 出
第 1 台	D_1 = Y000	D_2 = Y004
	D_1 = Y001	D_2 = Y005
第 2 台	D_1 = Y002	D_2 = Y006
	D_1 = Y003	D_2 = Y007

3. ZRN/原点回归

ZRN，是执行原点回归，使机械位置与 PLC 内的当前值寄存器一致的指令。ZRN 的动作示意跟 DSZR 相同，在 DOG 传感器为 OFF 时停止。

ZRN 指令格式为

其中 ZRN 操作数说明见表 5-21，S_1指定开始原点回归时的速度，16 位运算时为 10~32767（Hz），32 位运算时为 10~200000（Hz）。

表 5-21 ZRN 操作数说明

操作数种类	内　容	数据类型
S_1	指定开始原点回归时的速度	BIN16/32 位
S_2	指定爬行速度（10~32767 Hz）	
S_3	指定输入近点信号（DOG）的软元件编号	位
D	指定要输出脉冲的输出编号	

4. DRVI/相对定位

DRVI，是以相对驱动方式执行单速定位的指令。用带正/负的符号指定从当前位置开始的移动距离的方式，也称为增量（相对）驱动方式，如图 5-43 所示。

图 5-43 DRVI 工作示意

DRVI 的指令格式为

其中 DRVI 操作数说明见表 5-22，S_1指定输出脉冲数（相对地址），设定范围：16 位运算时为 -32768~+32767（0 除外），32 位运算时为 -999999~+999999（0 除外）；S_2指定输出脉冲频率，设定范围：16 位运算时为 10~32767（Hz），32 位运算 10~200000（Hz）；D_1指定输出脉冲的输出编号，指定基本单元的晶体管输出 Y000、Y001、Y002，或是高速输出特殊适配器 Y000、Y001、Y002、Y003。

表 5-22 DRVI 的操作数说明

操作数种类	内　容	数据类型
S_1	指定输出脉冲数（相对地址）	BIN16/32 位
S_2	指定输出脉冲频率	
D_1	指定输出脉冲的输出编号	位
D_2	指定旋转方向信号的输出对象编号	

5. DRVA/绝对定位

DRVA，是以绝对驱动方式执行单速定位的指令。用指定从原点（零点）开始的移动距离的方式，也称为绝对驱动方式。其工作示意跟 DRVI 类似。

DRVA 指令格式为 ┤├ [FNC 159 DRVA] (S₁•) (S₂•) (D₁•) (D₂•) 指令输入

其中 DRVA 操作数说明见表 5-23，(S₁•) 指定输出脉冲数（绝对地址），设定范围：16 位运算时为 -32768~+32767，32 位运算时为 -999999~+999999；(S₂•) 指定输出脉冲频率设定范围：16 位运算时为 10~32767（Hz），32 位运算时 10~200000（Hz）。

表 5-23　DRVA 操作数说明

操作数种类	内　容	数据类型
(S₁•)	指定输出脉冲数（绝对地址）	BIN16/32 位
(S₂•)	指定输出脉冲频率	
(D₁•)	指定输出脉冲的输出编号	位
(D₂•)	指定旋转方向信号的输出对象编号	

6. TBL/表格设定定位

TBL，是预先将数据表格中被设定的指令的动作，变为指定的 1 个表格的动作。见表 5-24，先用参数设定定位点，然后通过驱动 TBL 指令，向指定点移动。

表 5-24　位置、速度和指令表

编　号	位　置	速　度	指　令
1	1000	2000	DRVI
2	20000	5000	DRVA
3	50	1000	DVIT
4	800	10000	DRVA
⋮	⋮	⋮	⋮

TBL 指令格式为 ┤├ [FNC 152 DTBL] (D) n 指令输入

其中 TBL 操作数说明见表 5-25，(D) 指定输出脉冲的输出编号，基本单元的晶体管输出 Y000、Y001、Y002，或是高速输出特殊适配器 Y000、Y001、Y002、Y003；n 执行表格编号 [1~100]。

表 5-25　TBL 操作数说明

操作数种类	内　容	数据类型
(D)	指定输出脉冲的输出信号	位
n	执行的表格编号 [1~100]	BIN32 位

7. 特殊辅助继电器和特殊数据寄存器

当 Y000、Y001、Y002、Y003 成为脉冲输出端软元件时，其相关的特殊辅助继电器见表 5-26。

表 5-26　特殊辅助继电器

软元件编号				名　称	属性	对象指令
Y000	Y001	Y002	Y003			
M8029				指令执行结束标志位	只读	PLSY/PLSR/DSZR/DVIT/ZRN/DRVI/DRVA 等
M8329				指令执行异常结束标志位	只读	PLSY/PLSR/DSZR/DVIT/ZRN/PLSV/DRVI/DRVA
M8338				加减速动作	可读可写	PLSV
M8336				中断输入指定功能有效	可读可写	DVIT
M8340	M8350	M8360	M8370	脉冲输出中监控（BUSY/READY）	只读	PLSY/PLSR/DSZR/DVIT/ZRN/PLSV/DRVI/DRVA
M8341	M8351	M8361	M8371	清零信号输出功能有效	可读可写	DSZR/ZRN
M8342	M8352	M8362	M8372	原点回归方向指定	可读可写	DSZR
M8343	M8353	M8363	M8373	正转极限	可读可写	PLSY/PLSR/DSZR/DVIT/ZRN/PLSV/DRVI/DRVA
M8344	M8354	M8364	M8374	反转极限	可读可写	
M8345	M8355	M8365	M8375	近点信号逻辑反转	可读可写	DSZR
M8346	M8356	M8366	M8376	零点信号逻辑反转	可读可写	DSZR
M8347	M8357	M8367	M8377	中断信号逻辑反转	可读可写	DVIT
M8348	M8358	M8368	M8378	定位指令驱动中	只读	PLSY/PWM/PLSR/DSZR/DVIT/ZRN/PLSV/DRVI/DRVA
M8349	M8359	M8369	M8379	脉冲停止指令	可读可写	PLSY/PLSR/DSZR/DVIT/ZRN/PLSV/DRVI/DRVA
M8460	M8461	M8462	M8463	用户中断输入指令	可读可写	DVIT
M8464	M8465	M8466	M8467	清零信号软元件指定功能有效	可读可写	DSZR/ZRN

当 Y000、Y001、Y002、Y003 为脉冲输出端软元件时，其相关的特殊数据寄存器见表 5-27。

表 5-27　特殊数据寄存器

软元件编号								名　称	数据长	初始值	对象指令
Y000		Y001		Y002		Y003					
D8336								中断输入指定	16 位		DVIT
D8340	低位	D8350	低位	D8360	低位	D8370	低位	当前值寄存器（PLS）	32 位	0	DSZR/DVIT/ZRN/PLSV/DRVI/DRVA
D8341	高位	D8351	高位	D8361	高位	D8371	高位				
D8342		D8352		D8362		D8372		基底速度（Hz）	16 位	0	DSZR/DVIT/ZRN/PLSV/DRVI/DRVA

（续）

软元件编号								名　　称	数据长	初始值	对象指令
Y000		Y001		Y002		Y003					
D8343	低位	D8353	低位	D8363	低位	D8373	低位	最高速度（Hz）	32 位	100,000	DSZR/DVIT/ZRN/PLSV/DRVI/DRVA
D8344	高位	D8354	高位	D8364	高位	D8374	高位				
D8345		D8355		D8365		D8375		爬行速度（Hz）	16 位	1000	DSZR
D8346	低位	D8356	低位	D8366	低位	D8376	低位	原点回归速度（Hz）	32 位	50,000	DSZR
D8347	高位	D8357	高位	D8367	高位	D8377	高位				
D8348		D8358		D8368		D8378		加速时间（ms）	16 位	100	DSZR/DVIT/ZRN/PLSV *4/DRVI/DRVA
D8349		D8359		D8369		D8379		减速时间（ms）	16 位	100	DSZR/DVIT/ZRN/PLSV *4/DRVI/DRVA
D8464		D8465		D8466		D8467		清零信号软元件指定	16 位	—	DSZR/ZRN

5.5.4 【实操任务 5-3】丝杠机构的位置控制

任务说明

实操任务 5-3

图 5-44 所示的某丝杠机构采用三菱 PLC 控制伺服电动机运行，伺服电动机通过与电动机同轴的丝杠点动工作台移动。在自动情况下，按下启动按钮 SB1，伺服电动机带动丝杠机构以 10000 pul/s 的速度沿 x 轴方向右行，碰到正向限位开关 SQ1 停止 2 s；然后伺服电动机带动丝杠机构沿 x 轴方向左行，碰到反向限位开关 SQ2 停止 5 s；接着又向右运动，如此反复运行，直到按下停止按钮 SB2，伺服电动机停止运行。在手动情况下，伺服电动机以 6000 pul/s 的速度向左运行至反向限位。

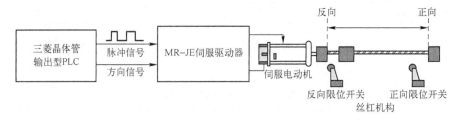

图 5-44　丝杠机构的位置控制

请用三菱 FX$_{3U}$ 配合 MR-JE 伺服控制系统设计该丝杠机构的位置控制。

实操思路

1. 选择合理的实操设备。如 FX$_{3U}$-32MT PLC 一台，三菱 MR-JE-20A 伺服驱动器一台，相对应的伺服电动机 HG-JN23J-S100 一台。

2. 对三菱 FX$_{3U}$-32MT PLC 进行 I/O 分配,见表 5-28。其中方向控制 Y2 = 0,表示正向;Y2 = 1,表示反向。

表 5-28　I/O 分配

输入继电器	输入元件	作　用	输出继电器	伺服 CN1 引脚	作　用
X0	SB1	启动按钮	Y0	PP	脉冲信号
X1	SB2	停止按钮	Y2	NP	方向控制
X2	SA	手动	Y3	SON	伺服开启
X3	SQ1	正向限位	Y4	LSP	正向限位
X4	SQ2	反向限位	Y5	LSN	反向限位

3. 完成图 5-45 所示的电气线路图。其中位置控制模式下需要将 24 V 电源的正极和 OPC(集电极开路电源输入)连接在一起。为了节约 PLC 的输入点数,将 RES 复位引脚通过按钮 SB3 直接与 DOCOM 连接在一起,为了保证伺服电动机能正常工作,急停 EM2 引脚必须连接至 DOCOM(0 V),PP(脉冲输入)和 NP(方向控制)分别接在 PLC 的 Y0 和 Y2 上。

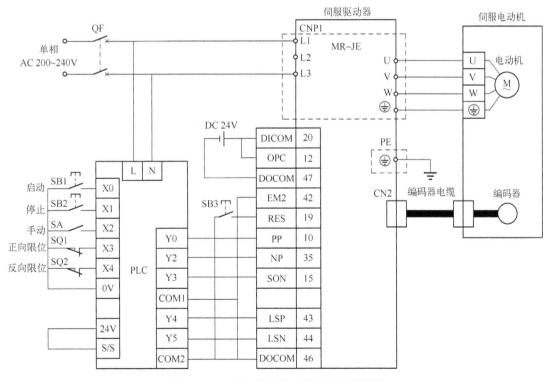

图 5-45　丝杠机构的位置控制电气接线图

4. 伺服驱动器参数设置见表 5-29。

表 5-29 丝杠机构的位置控制伺服驱动器参数

编 号	简 称	名 称	初始值	设定值	说 明
PA01	*STY	运行模式	1000h	1000h	选择位置控制模式
PA06	CMX	电子齿轮分子（指令脉冲倍率分子）	1	16384	设置为 PLC 发出 5000 个脉冲伺服电动机旋转一周，则
PA07	CDV	电子齿轮分母（指令脉冲倍率分母）	1	625	$\dfrac{CMX}{CDV} = \dfrac{131072}{5000} = \dfrac{16384}{625}$
PA13	*PLSS	指令脉冲输入形态	0100h	0001h	用于选择脉冲串输入信号，具体为：正逻辑，脉冲列+方向信号
PA21	*AOP3	功能选择 A-3	0001h	0000h	电子齿轮选择
PD03	*DI1L	输入软元件选择 1L	0202h	__0 2	在位置模式将 CN1-15 引脚改为 SON
PD11	*DI5L	输入软元件选择 5L	0703h	__0 3	在位置模式将 CN1-19 引脚改为 RES
PD17	*DI8L	输入软元件选择 8L	0A0Ah	__0 A	在位置模式将 CN1-43 引脚改为 LSP
PD19	*DI9L	输入软元件选择 9L	0B0Bh	__0 B	在位置模式将 CN1-44 引脚改为 LSN

5. 三菱 PLC 梯形图程序设计。

丝杠机构的位置控制梯形图如图 5-46 所示，共有自动程序和手动程序两部分组成。手动开关 X2 没有闭合，即自动状态时，执行该程序中第 4~61 步的自动程序，并在第 61 步时通过 CJ 指令跳转到 END 结束；手动开关 X2 闭合，即手动状态时，执行 CJ 指令，跳转到 P0 指针的手动程序，执行第 65~85 步的手动程序。

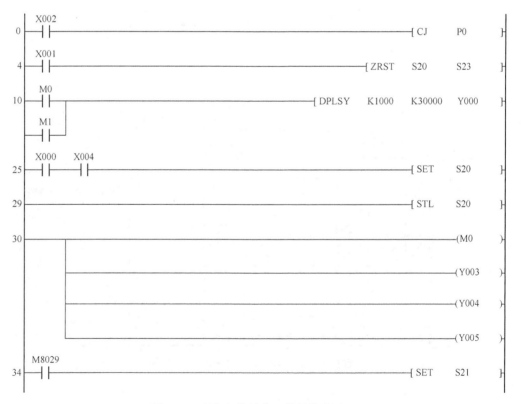

图 5-46 丝杠机构的位置控制梯形图

```
37 ─────────────────────────────────────────────[ STL    S21 ]─

                                                          K20
38 ─────────────────────────────────────────────────────( T0 )─

      T0
41 ───┤├───────────────────────────────────────[ SET    S22 ]─

44 ─────────────────────────────────────────────[ STL    S22 ]─

45 ──────────────────────────────────────────────────────( M1 )─
    │
    │ ────────────────────────────────────────────────────( Y002 )─
    │
    │ ────────────────────────────────────────────────────( Y003 )─
    │
    │ ────────────────────────────────────────────────────( Y004 )─
    │
    └ ────────────────────────────────────────────────────( Y005 )─

      M8029
50 ───┤├───────────────────────────────────────[ SET    S23 ]─

53 ─────────────────────────────────────────────[ STL    S23 ]─

                                                          K50
54 ─────────────────────────────────────────────────────( T1 )─

      T1
57 ───┤├───────────────────────────────────────[ SET    S20 ]─

60 ──────────────────────────────────────────────────────[ RET ]─

      X002
61 ───┤/├──────────────────────────────────────[ CJ     P1 ]─

P0    X002
65 ───┤├───────────────────────────────────────────────( Y003 )─
    │
    └───────────────────────────────────────────────────( Y002 )─

      X002   X003
69 ───┤├─────┤├─────────────────────────────────────────( Y004 )─

      X002   X004
72 ───┤├─────┤├─────────────────────────────────────────( Y005 )─

      X002   X004
75 ───┤├─────┤├────────────────────[ PLSY   K6000   K0   Y000 ]─

P1
84

85 ──────────────────────────────────────────────────────[ END ]─
```

图 5-46 丝杠机构的位置控制梯形图（续）

在自动程序中，采用顺序功能图进行编程，调用 S20～S23 进行状态（步）控制。其位置控制采用 PLSY 指令。

5.6 三菱伺服 MR-J4 的控制

5.6.1 MR-J4 伺服驱动器的内部结构

图 5-47 所示为 MR-J4 伺服驱动器的内部结构（MR-J4-500A 及以下规格）。

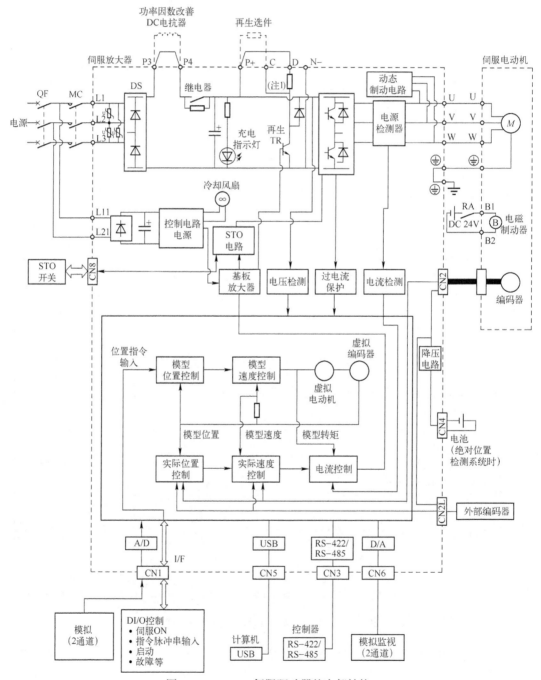

图 5-47 MR-J4 伺服驱动器的内部结构

1. 电气运行

电源接通顺序如下，其时序图如图 5-48 所示。

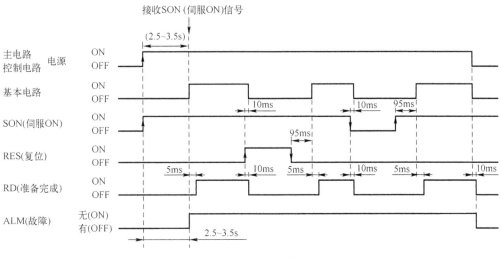

图 5-48　时序图

1）控制电路电源（L11・L21）应与主电路电源同时或比主电路电源先接通。不接通主电路电源时会在显示部分显示警告，但是一旦接通主电路电源，警告就会消失，设备正常动作。

2）伺服驱动器可在主电路电源接通后 2.5~3.5 s 后接收到 SON（伺服 ON）信号。因此，接通主电路电源的同时将 SON（伺服 ON）设为 ON，2.5~3.5 s 后基本电路变为 ON，然后大约 5 ms 后 RD（准备完成）变为 ON，处于一个可以运行的状态。

3）将 RES（复位）设为 ON，基本电路即被切断，伺服电动机轴呈自由状态。

2. CN1 连接器引脚定义

CN1 连接器引脚定义见表 5-30。CN1 连接器的引脚根据控制模式不同，其软元件分配也不同。相关参数栏中对应参数的引脚可以通过该参数进行软元件变更，其中 P 为位置控制模式，S 为速度控制模式，T 为转矩控制模式。

表 5-30　CN1 连接器的引脚定义

引脚编号	I/O[1]	不同控制模式时的输入输出信号[2]						相关参数
		P	P/S	S	S/T	T	T/P	
1	—	P15R	P15R	P15R	P15R	P15R	P15R	—
2	I	—	-/VC	VC	VC/VLA	VLA	VLA/-	—
3	0	LG	LG	LG	LG	LG	LG	—
4	0	LA	LA	LA	LA	LA	LA	—
5	0	LAR	LAR	LAR	LAR	LAR	LAR	—
6	0	LB	LB	LB	LB	LB	LB	—
7	0	LBR	LBR	LBR	LBR	LBR	LBR	—
8	0	LZ	LZ	LZ	LZ	LZ	LZ	—

（续）

引脚编号	I/O^①	不同控制模式时的输入输出信号^②						相关参数
		P	P/S	S	S/T	T	T/P	
9	O	LZR	LZR	LZR	LZR	LZR	LZR	—
10	I	PP	PP/-	⑥	⑥	⑥	-/PP	Pr. PD43/Pr. PD44
11	I	PG	PG/-	—	—	—	-/PG	—
12	—	OPC	OPC/-	—	—	—	-/OPC	
13	O	④	④	④	④	④	④	Pr. PD47
14	O	④	④	④	④	④	④	Pr. PD47
15	I	SON	SON	SON	SON	SON	SON	Pr. PD03/Pr. PD04
16	I	—	-/SP2	SP2	SP2/SP2	SP2	SP2/-	Pr. PD05/Pr. PD06
17	I	PC	PC/ST1	ST1	ST1/RS2	RS2	RS2/PC	Pr. PD07/Pr. PD08
18	I	TL	TL/ST2	ST2	ST2/RS1	RS1	RS1/TL	Pr. PD09/Pr. PD10
19	I	RES	RES	RES	RES	RES	RES	Pr. PD11/Pr. PD12
20	—	DICOM	DICOM	DICOM	DICOM	DICOM	DICOM	
21	—	DICOM	DICOM	DICOM	DICOM	DICOM	DICOM	
22	O	INP	INP/SA	SA	SA/-	—	-/INP	Pr. PD23
23	O	ZSP	ZSP	ZSP	ZSP	ZSP	ZSP	Pr. PD24
24	O	INP	INP/SA	SA	SA/-	—	-/INP	Pr. PD25
25	O	TLC	TLC	TLC	TLC/VLC	VLC	VLC/TLC	Pr. PD26
26	—	—	—	—	—	—	—	
27	I	TLA	TLA^③	TLA^③	TLA/TC^③	TC	TC/TLA	—
28	—	LG	LG	LG	LG	LG	LG	
29	—	—	—	—	—	—	—	
30	—	LG	LG	LG	LG	LG	LG	
31	—	—	—	—	—	—	—	
32	—	—	—	—	—	—	—	
33	O	OP	OP	OP	OP	OP	OP	—
34	—	LG	LG	LG	LG	LG	LG	—
35	I	NP	NP/-	⑥	⑥	⑥	-/NP	Pr. PD45/Pr. PD46^⑤
36	I	NG	NG/-	—	—	—	-/NG	—
37^⑧	I	PP2	PP2/-	⑦	⑦	⑦	-/PP2	Pr. PD43/Pr. PD44^⑤
38^⑧	I	NP2	NP2/-	⑦	⑦	⑦	-/NP2	Pr. PD45/Pr. PD46^⑤
39	—	—	—	—	—	—	—	
40	—	—	—	—	—	—	—	
41	I	CR	CR/SP1	SP1	SP1/SP1	SP1	SP1/CR	Pr. PD13/Pr. PD14
42	I	EM2	EM2	EM2	EM2	EM2	EM2	—
43	I	LSP	LSP	LSP	LSP/-	—	-/LSP	Pr. PD17/Pr. PD18

（续）

引脚编号	I/O①	不同控制模式时的输入输出信号②						相关参数
		P	P/S	S	S/T	T	T/P	
44	I	LSN	LSN	LSN	LSN/—	—	—/LSN	Pr. PD19/Pr. PD20
45	I	LOP	LOP	LOP	LOP	LOP	LOP	Pr. PD21/Pr. PD22
46	—	DOCOM	DOCOM	DOCOM	DOCOM	DOCOM	DOCOM	—
47	—	DOCOM	DOCOM	DOCOM	DOCOM	DOCOM	DOCOM	—
48	O	ALM	ALM	ALM	ALM	ALM	ALM	—
49	O	RD	RD	RD	RD	RD	RD	Pr. PD28
50	—	—	—	—	—	—	—	—

注：1. I 为输入信号，O 为输出信号。

2. P 为位置控制模式，S 为速度控制模式，T 为转矩控制模式，P/S 为位置/速度控制切换模式，S/T 为速度/转矩控制切换模式，T/P 为转矩/位置控制切换模式。

3. 通过［Pr. PD03］~［Pr. PD22］设定可使用 TL（外部转矩限制选择）信号，即可使用 TLA。

4. 初始状态下没有分配输出软元件。请根据需要通过［Pr. PD47］分配输出软元件。

5. 可在软件版本 B3 以上的 MR-J4-_A-RJ 伺服驱动器中使用。

6. 可作为漏型接口的输入软元件使用。初始状态下没有分配输入软元件。使用时，请根据需要通过［Pr. PD43］~［Pr. PD46］分配软元件。此时，请对 CN1-12 引脚提供 DC 24V 的"+"极。此外，可在软件版本 B3 以上的伺服驱动器中使用。

7. 可作为源型接口的输入软元件使用。初始状态下没有分配输入软元件。使用时，请根据需要通过［Pr. PD43］~［Pr. PD46］分配软元件。

8. 这些引脚可在软件版本为 B7 以上、并且是 2015 年 1 月以后生产的 MR-J4-_A-RJ 伺服驱动器中使用。

3. 参数设定

表 5-31 为 MR-J4 伺服驱动器的基本参数列表 PA，其余未列出，包括增益·滤波器设定参数 PB、扩展设定参数 PC、输入/输出设定参数（PD）、扩展设定 2 参数（PE）、扩展设定 3 参数（PF）、线性伺服电动机/DD 电动机设定参数（PL）、选件设定参数（PO）。

表 5-31　MR-J4 伺服驱动器的基本参数列表 PA

编　　号	简　称	名　　称	初始值	单　位
PA01	*STY	运行模式	1000h	—
PA02	*REG	再生选择	0000h	—
PA03	*ABS	绝对位置检测系统	0000h	—
PA04	*AOP1	功能选择 A-1	2000h	—
PA05	*FBP	每转的指令输入脉冲数	10000	—
PA06	CMX	电子齿轮分子（指令脉冲倍率分子）	1	—
PA07	CDV	电子齿轮分母（指令脉冲倍率分母）	1	—
PA08	ATU	自动调谐模式	0001h	—
PA09	RSP	自动调整响应性	16	—
PA10	INP	到位范围	100	［pulse］
PA11	TLP	正转转矩限制/正方向推力限制	100.0	［%］

（续）

编　号	简　　称	名　　　称	初始值	单　位
PA12	TLN	反转转矩限制/反方向推力限制	100.0	［%］
PA13	* PLSS	指令脉冲输入形态	0100h	—
PA14	* POL	旋转方向选择/移动方向选择	0	—
PA15	* ENR	编码器输出脉冲	4000	［pulse/rev］
PA16	* ENR2	编码器输出脉冲2	1	—
PA17	* MSR	伺服电动机系列设定	0000h	—
PA18	* MTY	伺服电动机类型设定	0000h	—
PA19	* BLK	参数写入禁止	00AAh	—
PA20	* TDS	Tough Drive 设定	0000h	—
PA21	* AOP3	功能选择 A-3	0001h	—
PA22	* PCS	位置控制构成选择	0000h	—
PA23	DRAT	驱动记录仪任意报警触发器设定	0000h	—
PA24	AOP4	功能选择 A-4	0000h	—
PA25	OTHOV	一键式调整 超调量容许级别	0	［%］
PA26	* AOP5	功能选择 A-5	0000h	—

5.6.2 【实操任务 5-4】工作台伺服控制

任务说明

如图 5-49 所示，FX$_{3U}$ 控制 MR-J4 伺服驱动器和伺服电动机实现工作台运行，其中 FX$_{3U}$-32MT/ES 选配扩展模块 FX2N-16EYT、FX2N-16EX-ES/UL，并在 PLC 侧和伺服驱动器侧均需要设置正转限位和反转限位，并具有如下功能：原点回归操作、手动正转操作、手动反转操作、正转定位操作、反转定位操作。同时，能实现如图 5-50 所示的绝对位置方式定位。

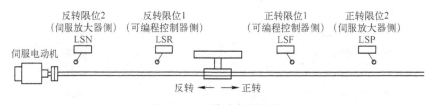

图 5-49　工作台伺服控制

实操思路

1. 电气接线和 I/O 地址分配

电气接线如图 5-51 所示，根据要求，FX$_{3U}$-32MT/ES 为主机模块，负责零点信号（PG0）和伺服准备好（RD）等信息的输入；FX$_{2N}$-16EYT 为扩展模块负责清零信号的输

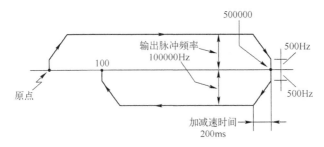

图 5-50 绝对位置方式的定位

出；FX_{2N}-16EX-ES/UL 为扩展模块，接收来自外部的信号，如立即停止指令、原点回归指令、JOG（+）指令、JOG（-）指令、正转定位指令、反转定位指令、正转限位、反转限位和停止命令。

具体 I/O 地址见表 5-32。

表 5-32 I/O 地址分配表

输　入	功　能	输　出	功　能
X4	零点信号	Y0	脉冲输出
X10	近点信号（DOG）	Y4	方向控制
X14	伺服准备好	Y20	清零信号
X20	立即停止		
X21	原点回归		
X22	手动（JOG）正转		
X23	手动（JOG）反转		
X24	正转定位指令		
X25	反转定位指令		
X26	正转限位 1（LSF）		
X27	反转限位 1（LSR）		
X30	停止		

2. MR-J4 伺服驱动器参数设置

1）［Pr. PA01］=0000h，即设置为位置控制模式。

2）［Pr. PA03］=0000h，即设置绝对位置检测系统为"使用增量系统"。

3）［Pr. PA05］=0，［Pr. PA06］=1，［Pr. PA07］=1，即采用默认设置的电子齿轮分子、分母均为 1。

4）［Pr. PA13］=0211h，设置 MR-J4 伺服驱动器的指令脉冲输入形式为负逻辑、带符号脉冲串，且指令输入脉冲串为 500 kpps 以下）。

3. 程序编制

本实例涉及的定位控制指令相关特殊辅助继电器和特殊数据寄存器请参考 5.5.3 节内容。

（1）立即停止及相关初始状态设置

程序如图 5-52 所示，具体分析如下。

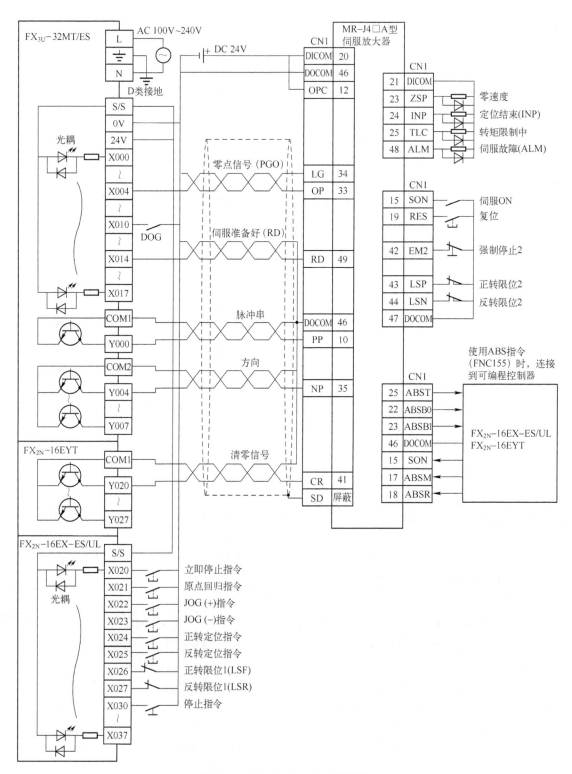

图 5-51 FX_{3U} 与 MR-J4 电气接线

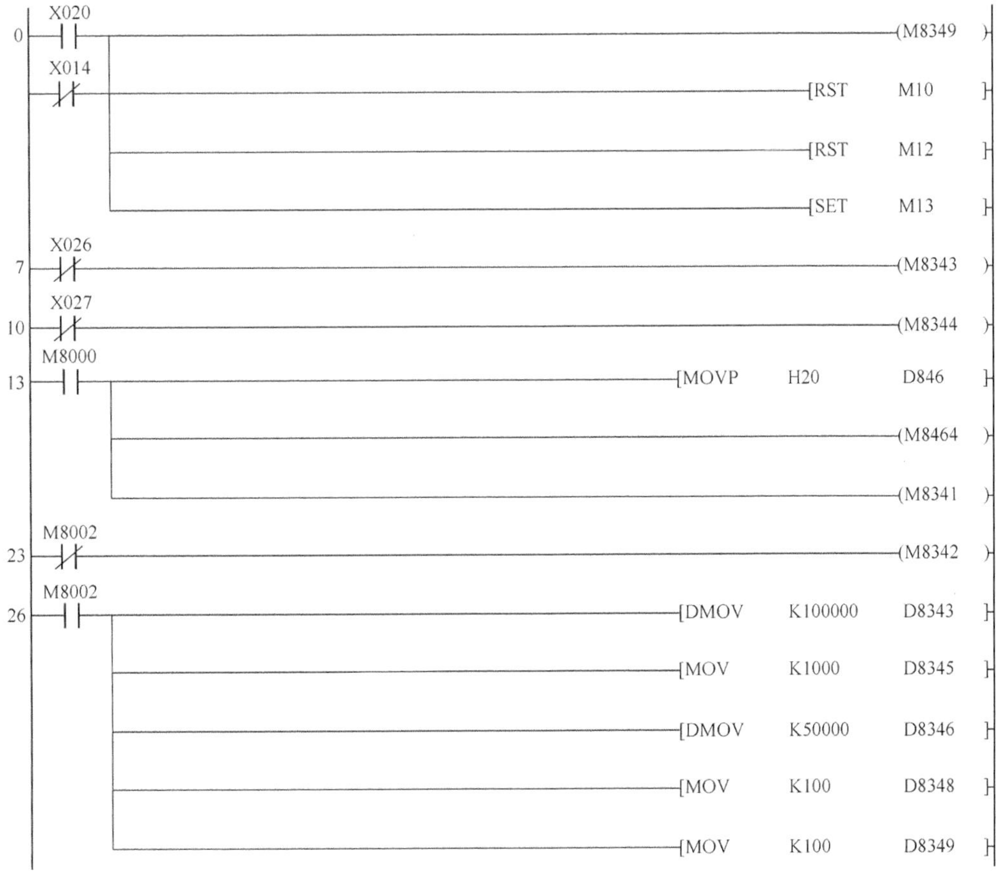

图 5-52　立即停止及相关初始状态设置

1）当立即停止按钮动作（X20）或伺服准备好信号（X14）为 OFF 时，执行以下动作：X 轴（Y000）脉冲输出停止；原点检出结束标志位的复位（M10）；正转侧定位结束标志位的复位（M12）；反转侧定位结束标志位的复位（M13）。

2）通过限位输入信号输出正转极限和反转极限的特殊辅助继电器 M8343、M8344。

3）带清零输出的原点回归有效（清零信号：Y020）。

4）如果最高速度、加速时间、减速时间、原点回归速度、爬行速度的设定为初始值的内容就可以的话，则不需要初始化程序；否则进行如下动作：最高速度的设定，即 100000（Hz）→D8344，D8343；原点回归速度的设定，即 50000（Hz）→D8347，D8346；加速时间的设定，即 100（ms）→D8348；减速时间的设定，即 100（ms）→D8349；爬行速度的设定，即 1000（Hz）→D8345。

（2）原点回归操作

程序如图 5-53 所示，具体分析如下。

1）当原点回归按钮动作，判断 M8348 定位驱动中（Y000）为 OFF、原点回归正常结束状态 M101 为 OFF、原点回归异常结束 M102 为 OFF 三者皆符合时，进入原点回归操作。

2）该原点回归操作利用 M100 形成自锁。

3）原点回归操作的动作依次为：原点检出结束标志位的复位（M10）；正转侧定位结束

标志位的复位（M12）；反转侧定位结束标志位的复位（M13）；在未停止按钮动作的情况下，进行带 DOG 搜索的原点回归指令 DSZR，即 X010、X004、Y000、Y004 分别为近点信号、零点信号、脉冲输出端编号、旋转方向信号。

4）原点回归操作标志位：M8029 执行结束标志位；M8329 异常结束。

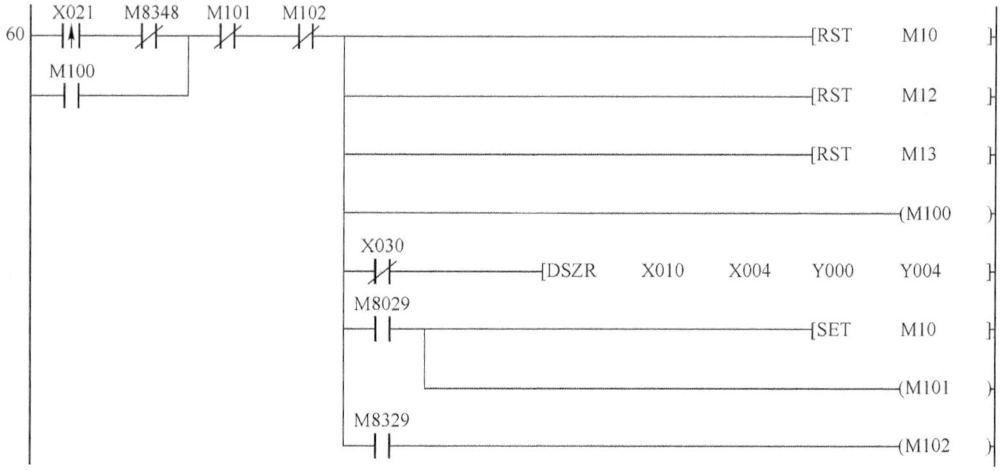

图 5-53　原点回归操作

（3）手动 JOG 正转操作

程序如图 5-54 所示，具体分析如下。

1）当手动 JOG 正转按钮动作，判断 M8348 定位驱动中（Y000）为 OFF、JOG（+）结束状态 M104 为 OFF 时，进入手动 JOG 正转操作。

2）该操作利用 M103 形成自锁。

3）该操作的动作依次为：正转侧定位结束标志位的复位（M12）；反转侧定位结束标志位的复位（M13）；在未停止按钮动作的情况下，进行使用相对定位指令 DDRVI，执行正方向的 JOG 运行指令，即 K999999、K30000、Y000、Y004 分别为输出脉冲数、（+方向的最大值）、输出脉冲频率、脉冲输出端编号、旋转方向信号。

4）该操作标志位：M8029 执行结束标志位。

本次操作中，1 次 JOG 运行的最大移动量是 FNC158（DRVI）指令的输出脉冲数±999，

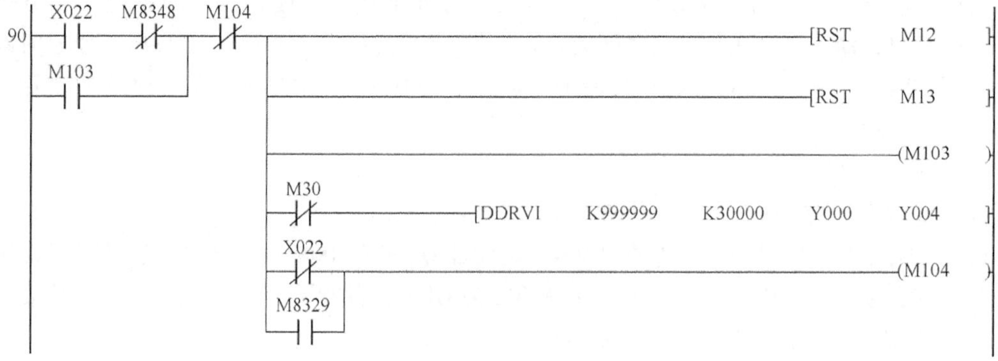

图 5-54　手动 JOG 正转操作

即 999 个脉冲，如果想要移动的量超过这个数值时，需要再次执行 JOG。

（4）手动 JOG 反转操作

程序如图 5-55 所示，具体分析如下。

1）当手动 JOG 反转按钮动作，判断 M8348 定位驱动中（Y000）为 OFF、JOG（-）结束状态 M106 为 OFF 时，进入手动 JOG 反转操作。

2）该操作利用 M105 形成自锁。

3）该操作的动作依次为：正转侧定位结束标志位的复位（M12）；反转侧定位结束标志位的复位（M13）；在未停止按钮动作的情况下，进行使用相对定位指令 DDRVI，执行反方向的 JOG 运行指令即 K-999999、K30000、Y000、Y004 分别为输出脉冲数、（-方向的最大值）、输出脉冲频率、脉冲输出端编号、旋转方向信号。

4）该操作标志位：M8029 执行结束标志位。

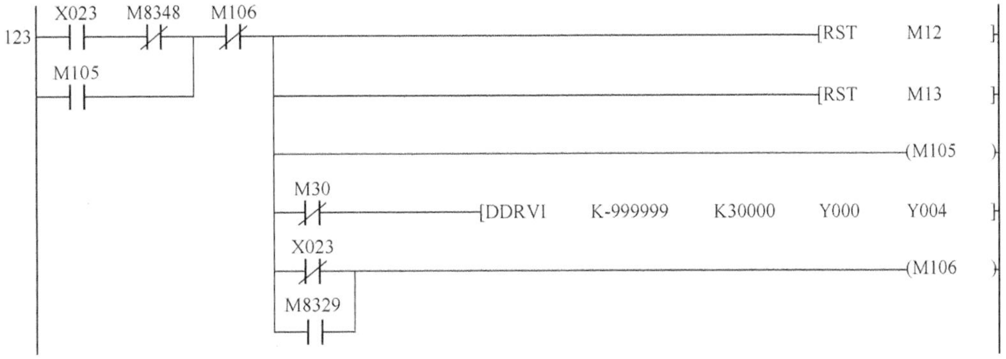

图 5-55 手动 JOG 反转操作

（5）正转定位操作

程序如图 5-56 所示，具体分析如下。

1）当正转定位操作按钮动作，判断 M8348 定位驱动中（Y000）为 OFF、原点检出结束标志位 M10 为 ON、正转侧定位正常结束 M108 为 OFF、正转侧定位异常结束 M109 为 OFF 时，进入正转定位操作。

2）该操作利用 M107 形成自锁。

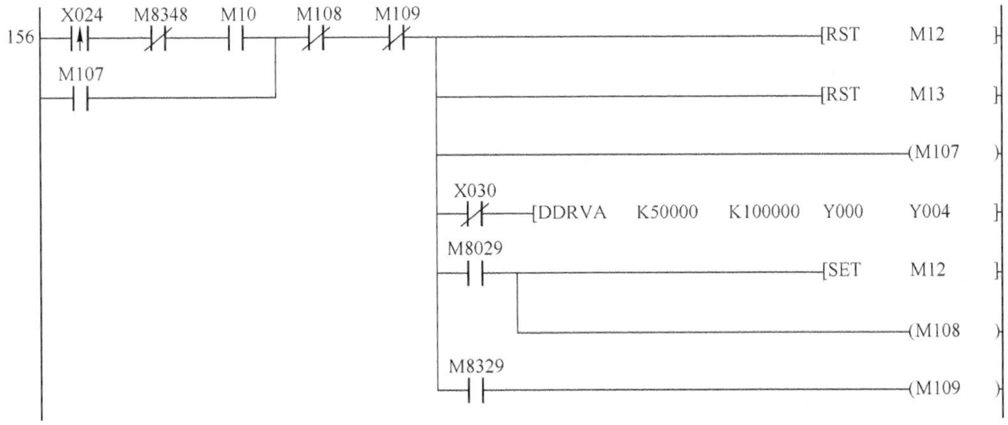

图 5-56 正转定位操作

3）该操作的动作依次为：正转侧定位结束标志位的复位（M12）；反转侧定位结束标志位的复位（M13）；在未停止按钮动作的情况下，进行使用相对定位指令 DDRVA，即 K500000、K100000、Y000、Y004 分别为绝对位置指定、输出脉冲频率、脉冲输出端编号、旋转方向信号。

4）该操作标志位：M8029 执行结束标志位；M8329 异常结束。

（6）反转定位操作

程序如图 5-57 所示，具体分析如下。

1）当反转定位操作按钮动作，判断 M8348 定位驱动中（Y000）为 OFF、原点检出结束标志位 M10 为 ON、反转侧定位正常结束 M111 为 OFF、反转侧定位异常结束 M112 为 OFF 时，进入反转定位操作。

2）该操作利用 M110 形成自锁。

3）该操作的动作依次为：正转侧定位结束标志位的复位（M12）；反转侧定位结束标志位的复位（M13）；在未停止按钮动作的情况下，进行使用相对定位指令 DDRVA，即 K100、K100000、Y000、Y004 分别为绝对位置指定、输出脉冲频率、脉冲输出端编号、旋转方向信号。

4）该操作标志位：M8029 执行结束标志位；M8329 异常结束。

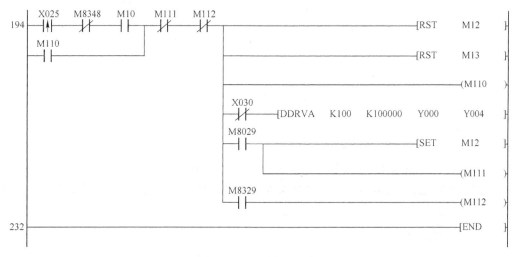

图 5-57　反转定位操作

思考与练习

5.1　请阐述伺服控制系统的组成原理。

5.2　伺服驱动器有哪三种控制模式，并用图进行示意。

5.3　如果三菱 MR-JE 伺服控制系统需要对伺服电动机进行正反转速度控制，该如何接线和设置参数？

5.4　三菱 MR-JE 伺服驱动器中 LSP 和 LSN 设置为 OFF，伺服电动机会怎样运行？

5.5　按下启动按钮，三菱 MR-JE 伺服按图 5-58 所示的速度曲线循环运行，速度①为

0，速度②为 1000 r/min，速度③为 800 r/min，速度④为 1500 r/min，速度⑤为 0，速度⑥为 −300 r/min，速度⑦为 1200 r/min。按下停止按钮，电动机马上停止。当出现故障报警信号时，系统停止运行，报警灯闪烁。试画出 PLC 控制伺服驱动器的接线图，并设置相关参数后编写 PLC 程序。

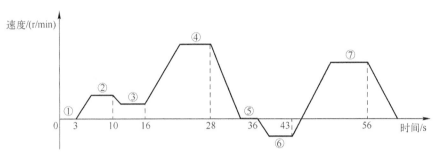

图 5-58　题 5.5 图

5.6　在三菱 MR-JE 转矩模式下，TC 和 LG 之间给定的转矩电压范围是多少？请画出采用三菱 PLC 模拟量电压输出来控制该电压的接线图，并编写 PLC 程序。

5.7　某铝棒材定长切割传动采用 MR-JE 伺服驱动系统，其位置控制采用丝杠机构，其滚珠丝杠节距为 5 mm，机械减速比为 1/1，定长设置通过拨码开关设置为 20 mm、30 mm、40 mm 三档，请画出电气接线图，并编写 PLC 程序。

> ✂ **阅读材料——智能运动控制的发展趋势**
>
> 　　智能运动控制是智能制造的核心模块，它融合了精确反馈、先进感知、高性能控制和无缝连接技术，可提供确定性运动解决方案和实现高度灵活的高效制造。利用人工智能、大数据以及系统工程等方法和技术，目前国内的智能控制已经深入到运动控制系统的各个方面，例如模糊控制、神经网络控制、解耦控制等，从而实现专家级的分析、判断、推理以及决策能力，最终形成一个高度智能化的、柔性化的机械制造系统。另外，快速发展的国产数控机床、精密电子制造设备等下游行业将不断推动运动控制技术向高速、高精方向发展，而计算机技术、新型传感器、新的电机驱动技术等将为运动控制技术向高速、高精方向发展提供技术保障。

参 考 文 献

[1] 李方园. 智能工厂设备配置研究 [M]. 北京：电子工业出版社，2018.

[2] 李方园. 行业专用变频器的智能控制策略研究 [M]. 北京：科学出版社，2018.

[3] 李方园，等. 变频器技术及应用 [M]. 北京：机械工业出版社，2017.

[4] 李方园. 变频器应用技术 [M]. 3 版. 北京：科学出版社，2018.

[5] 李方园. 图解变频器控制 [M]. 北京：中国电力出版社，2012.

[6] 李方园. 变频器行业应用实践 [M]. 北京：中国电力出版社，2006.

[7] 李方园. 变频器应用与维护 [M]. 北京：中国电力出版社，2009.

[8] 咸庆信. 变频器实用电路图集与原理图说 [M]. 北京：机械工业出版社，2009.

[9] 李自先. 变频器实用技术与维修精要 [M]. 北京：人民邮电出版社，2009.

[10] 三菱电机自动化（上海）有限公司. 三菱通用变频器 FR-E700 使用手册 [Z]. 2013.